稀土基荧光材料的
制备及防伪应用

李敬芳　赵思聪　著

黑龙江大学出版社
HEILONGJIANG UNIVERSITY PRESS
哈尔滨

图书在版编目（CIP）数据

稀土基荧光材料的制备及防伪应用 / 李敬芳，赵思
聪著 . -- 哈尔滨 ： 黑龙江大学出版社，2024.1（2025.3 重印）
  ISBN 978-7-5686-1027-8

  Ⅰ . ①稀… Ⅱ . ①李… ②赵… Ⅲ . ①稀土族－荧光
染料－研究 Ⅳ . ① TQ617.3

  中国国家版本馆 CIP 数据核字（2023）第 170179 号

稀土基荧光材料的制备及防伪应用
XITU JI YINGGUANG CAILIAO DE ZHIBEI JI FANGWEI YINGYONG

李敬芳　赵思聪　著

责任编辑　李　卉
出版发行　黑龙江大学出版社
地　　址　哈尔滨市南岗区学府三道街 36 号
印　　刷　三河市金兆印刷装订有限公司
开　　本　720 毫米 ×1000 毫米　1/16
印　　张　13
字　　数　219 千
版　　次　2024 年 1 月第 1 版
印　　次　2025 年 3 月第 2 次印刷
书　　号　ISBN 978-7-5686-1027-8
定　　价　52.00 元

本书如有印装错误请与本社联系更换，联系电话：0451-86608666。

前　言

　　荧光防伪在打击伪造、净化市场等领域具有非常重要的地位。但如何制备稀土基荧光防伪新材料，并提高其防伪水平仍是该领域所面临的重要挑战。稀土离子因具有斯托克斯位移大、发射光谱窄、色纯度高、寿命长、量子产率高等优点，成为构筑荧光防伪材料的理想基元。本书系统地介绍了以稀土离子为发光基元的稀土基荧光防伪新材料，包括荧光水凝胶、荧光薄膜和荧光墨水。利用动态配位键的可逆刺激响应特性实现了荧光开关的可逆调控，辅助设计自修复与形状记忆功能，并通过合理设计多级加密策略实现了防伪水平的提高。主要内容如下：

　　基于配位作用，以苯丙氨酸和稀土盐为原料，制备了绿色（Tb^{3+}）和红色（Eu^{3+}）荧光水凝胶。通过调控体系的 pH 值，实现了荧光开关的可逆调控，并展现了溶胶 – 凝胶的可逆转变。利用凝胶的剪切变稀特性将其直接用作荧光墨水，并应用于防伪。

　　以芳香羧酸 1,3,5 – 苯三甲酸和 1,2,4,5 – 苯四甲酸为配体，分别与稀土盐复合，通过调控 Tb^{3+} 与 Eu^{3+} 的物质的量比，制备了不同发光颜色的荧光水凝胶，并通过合理设计多级加密策略提高防伪水平。

　　以 2,6 – 吡啶二羧酸为配体，与稀土盐复合制备稀土配合物，并将其掺杂到聚乙烯醇基质中，制备了具有自修复功能的荧光水凝胶。该水凝胶对 HCl/NH_3 和 $Fe^{3+}/EDTA^{2-}$ 刺激表现出可逆的荧光开关效应，进一步以 HCl 或 Fe^{3+} 为墨水，NH_3 或 $EDTA^{2-}$ 为擦除剂，实现了信息的可逆存储与擦除。双重刺激响应特性的结合提高了防伪水平。

　　基于静电作用将明胶与稀土多酸进行静电复合，再将其与聚丙烯酰胺进行缔合，制备了兼具自修复与形状记忆功能的刺激响应性荧光水凝胶，有效提高了防伪水平。此外,将稀土多酸引入明胶/甘油的薄膜中制备了荧光薄膜。该薄膜在水的刺激下,具有可逆的荧光开关效应,能够用作喷水可重写纸,用于荧光安全打印。此外,通过合理设计多级加密策略提高了信息的安全性。

将 2,6 - 吡啶二羧酸配体与稀土离子进行配位复合制得的稀土配合物掺杂到具有自修复特性的聚合物基质中,得到了同时具有可逆酸碱响应和自修复特性的防伪墨水。

以无毒、水溶性好、成膜性好的透明质酸为配体,将其与 Tb^{3+} 和 Eu^{3+} 在水中进行配位,制备了荧光墨水和荧光薄膜,并将其应用于防伪。

以天门冬氨酸为配体,将其与 Tb^{3+} 和 Eu^{3+} 在水中进行配位并干燥,获得了荧光粉末,将制备的荧光粉末以不同浓度溶解于水中,可分别制备出荧光墨水和荧光水凝胶,二者均可用于防伪。此外,将荧光粉末掺杂到聚乙烯醇基质中可制备出荧光薄膜,该薄膜可用作荧光防伪标签。

本书作者为黑龙江大学李敬芳和哈尔滨理工大学赵思聪。赵思聪撰写第1章,共计 1.1 万字;李敬芳撰写其他部分,共计 20.8 万字。

本书得以出版,还要感谢国家自然科学基金(21801070)、中国博士后科学基金(2018M641883)、黑龙江省博士后基金(LBH - Z18234)、黑龙江省省属高等学校基本科研业务费(2022 - KYYWF - 1034)、黑龙江大学杰出青年科学基金(JCL201904)的大力支持。感谢李光明、付丁伊、夏殿东、姜丽君、高敏、卓成森等人对该书的贡献。此外,向所有被引用文献的作者表示诚挚的谢意。

本书是经大量的基础理论研究和应用研究后总结并撰写的,由于笔者水平和工作经验有限,书中存在的疏漏和不足之处恳请读者批评指正。

目　　录

第1章 绪　　论

荧光防伪在打击伪造、净化市场等领域具有非常重要的地位。稀土荧光防伪材料的应用形式主要包括水凝胶、薄膜以及墨水。本书的主要内容是制备稀土荧光水凝胶、荧光薄膜以及荧光墨水,并探究其在防伪领域的应用。本章概述了刺激响应性荧光水凝胶、自修复荧光水凝胶、形状记忆荧光水凝胶、刺激响应性荧光薄膜、刺激响应性荧光墨水,以及稀土基荧光材料的研究进展。

1.1　刺激响应性荧光水凝胶

外界刺激对荧光水凝胶的影响可分为三种:第一种,溶胶－凝胶转变行为;第二种,荧光开关行为;第三种,荧光变色行为。本节将根据外界刺激响应类型分别进行介绍。

1.1.1　pH 响应性荧光水凝胶

pH 响应性主要依赖于酸性(如羧基)或碱性(如氨基)官能团的质子化/去质子化,从而导致结构的改变和性质的变化。

例如,Wan 课题组以三嵌段共聚物聚(甲基丙烯酸－N,N－二甲氨基乙酯)$_{35}$－b－PEO$_{230}$－b－(甲基丙烯酸－N,N－二甲氨基乙酯)$_{35}$ 和白色荧光稀土多酸 Na$_9$[Dy(W$_5$O$_{18}$)$_2$](DyW$_{10}$)为构筑基元,二者之间通过静电作用组装成白色荧光水凝胶。在低 pH 值条件下,带有叔氨基的聚(甲基丙烯酸

－N,N－二甲氨基乙酯)发生质子化。在 pH 值为 9.3 时,得到的是黏稠的淡绿色溶液,酸化后形成白色荧光水凝胶,不仅发生了溶胶－凝胶的转变,而且伴随着荧光颜色的变化。此外,在凝胶态时,荧光强度得到了提高,荧光寿命延长。该类水凝胶有望作为一种自适应的智能材料,如多通道检测、可注射传感器等。

在某些情况下,改变体系的 pH 值,荧光水凝胶并没有发生可逆的溶胶－凝胶转变行为,只是可逆地显示荧光开关状态的变化或者是荧光强度的变化。例如,将对 pH 值敏感的 CdTe 量子点固定在聚丙烯酸酯基质中制备 pH 响应性荧光水凝胶,随着 pH 值的升高,荧光强度显著增强。此外,pH 值对荧光寿命也有影响。Li 课题组将丙烯酰胺单体和稀土元素负载到黏土纳米片上,通过共聚得到了智能响应水凝胶。该水凝胶在交替的酸/碱刺激下,实现了荧光开关的可逆调控,在智能发光领域具有潜在的应用价值。

基于聚集诱导荧光淬灭机理,Chen 课题组在壳聚糖－乙酸溶液中将含有萘酰亚胺的单体与丙烯酰胺单体通过自由基共聚制得荧光水凝胶。该水凝胶在碱性条件下发生荧光淬灭,酸性条件下荧光增强。基于这一特性,该课题组提出了扩散反应方法,在空间和时间上对其荧光行为进行调控,并进一步发展了离子转移打印辅助的扩散反应方法,在水凝胶上制备了许多高精度的荧光图案。这些荧光图案在日光下是看不见的,但在特定的紫外光下会变得清晰可见,这表明其在信息安全存储和传输方面具有广泛的应用前景。

1.1.2　金属离子响应性荧光水凝胶

金属离子响应性荧光水凝胶通常是通过金属离子与功能单元的配位作用来实现响应的。Chen 课题组以丙烯酰胺、丙烯酸以及含有芘基团的荧光单体为原料,通过聚合制备了荧光水凝胶。进一步通过离子印染的方式将金属离子(Fe^{3+})引入荧光水凝胶表面,利用 Fe^{3+} 对芘基团的荧光淬灭作用,实现信息的输入;再通过 H^+ 的引入,实现信息的擦除。此项工作为设计软装置用于多维信息的加密提供了新思路。

Wu 课题组采用聚乙烯亚胺(PEI)对碳量子点(CD)进行改性,然后将其浸入微晶纤维素(MCC)水凝胶中,所得到的 PEI－CD 荧光水凝胶对金属离

子 Fe^{3+} 表现出较好的传感性能,并将其用于水(包括自来水、湖水、污水)中 Fe^{3+} 的检测。这对进一步拓展荧光水凝胶在实际检测中的应用起到了推动作用。

1.1.3 其他响应性荧光水凝胶

温度、光、应变等外界刺激同样也可以调控荧光水凝胶的行为。例如,Wang 课题组以阳离子双表面活性剂 AGC16 和阴离子芳香性凝胶因子 NTS 为构筑基元,借助静电作用进行组装,当 AGC16 与 NTS 的质量比在 20:1 ~ 10:1 范围内时,均可以形成 AGC16/NTS 水凝胶。AGC16/NTS 水凝胶在加热过程中有两种相变行为(凝胶 – 凝胶和溶胶 – 凝胶),这类水凝胶文献中少见报道。在凝胶 – 凝胶转变过程中,AGC16/NTS 的外观发生了明显的温度响应变化(从混浊到透明)。与透明凝胶相比,混浊凝胶具有更高的力学强度和更紧密的网络形貌,这是由于凝胶间具有更强的疏水缔合。根据实验结果,他们提出了两种不同水凝胶状态(混浊凝胶和透明凝胶)的分子自组装模式,这有助于在分子水平上进一步了解水凝胶的转变机制。

偶氮苯在 365 ~ 450 nm 范围内的紫外光和可见光照射下能发生可逆异构化反应。基于此,Li 课题组通过合理选择和引入具有光响应的偶氮苯基团实现对荧光水凝胶的可逆相变的远程控制。以胍基功能化的偶氮苯基团作为荧光开关,通过主客体作用方式引入 2,6 – 吡啶二羧酸基团功能化的 α – 环糊精。而胍官能团结合在带负电荷的 Laponite 基体表面连接有机和无机组分,2,6 – 吡啶二羧酸官能团可以同时与不同的稀土离子配位,从而得到荧光水凝胶。偶氮苯的构象会影响与 α – 环糊精的结合行为,进而会引起复合物的缔合或解离,导致荧光水凝胶在光调控下发生可逆的溶胶 – 凝胶转变。

Miserez 课题组构筑了双层荧光机械变色水凝胶,上层水凝胶中分散 CD,下层水凝胶中分散稀土离子。当对该水凝胶施加一定应变时,由于泊松效应,上层厚度变薄,导致透光率增加,随后下层稀土离子的荧光增强,从而产生机械变色特性。

1.1.4 多重刺激响应性荧光水凝胶

研究多重刺激响应性荧光水凝胶对丰富刺激响应性荧光水凝胶的应用具有重要意义。用于构筑多重刺激响应性荧光水凝胶的非共价相互作用弱，可被外界刺激破坏。此外，通过不同的非共价相互作用形成的荧光水凝胶也可能具有多重刺激响应性。

He 课题组将铕-亚氨基二乙酸（IDA）配合物固定到聚（N，N-二甲基丙烯酰胺）水凝胶基质中，制备了多重刺激响应性荧光水凝胶。IDA 含有两个羧基和一个氨基，这些基团在酸性条件下会发生质子化，导致 Eu^{3+} 与 IDA 之间的配位键被破坏，发生溶胶-凝胶转变并伴随着荧光淬灭。随着温度的升高，金属离子的热扩散加速，导致 Eu^{3+} 与 IDA 之间的配位作用减弱。竞争性金属离子（如 Fe^{3+}、Zn^{2+} 和 Cu^{2+}）的引入，可以减弱 Eu^{3+} 与 IDA 之间的配位作用。此外，超声作用和外力作用也会导致 Eu-IDA 复合物的解离。该荧光水凝胶对 pH 值、温度、金属离子、超声和外力均有响应，在这些外部条件刺激下，其会发生可逆的溶胶-凝胶转变行为，并伴随荧光开关行为。该荧光水凝胶为构筑智能响应材料提供了新思路，尤其是需要多重刺激反应的生物传感器。

Vliet 课题组通过简单的水溶液工艺法，将稀土离子和 CD 引入聚丙烯酰胺和聚丙烯酸中制得荧光水凝胶。通过调节蓝光发射 CD、绿光和红光发射稀土离子的比例，获得了白色荧光水凝胶。该白色荧光水凝胶对多种刺激（pH 值、有机蒸气、过渡金属离子和温度）均表现出刺激响应特性。该类荧光水凝胶可作为多功能的化学和环境传感材料。

Wang 课题组将苯硼酸改性的明胶（GA-DBA）、邻苯二酚改性的羧甲基壳聚糖（CCS-PCA）、3,5-二硝基水杨酸（DNSA）和 Eu^{3+} 通过加热-冷却方式混合后制得 $GA/CCS/DNSA/Eu^{3+}$ 水凝胶。所合成的水凝胶对酸/碱、温度、氧化还原和盐表现出可逆的荧光、颜色和相变化。基于多重刺激响应特性，实现了葡萄糖的裸眼传感、信息的加密/解密、良好的形状记忆特性。此外，该水凝胶还具有自修复性能以及抗菌特性。该水凝胶在生物医学、传感器、防伪等领域有着广泛的应用前景。该制备方法为新型多功能材料的设计提供了新途径。

1.2　自修复荧光水凝胶

自修复指的是材料在破损后,通过一定的物理或化学作用,性能重新恢复。自修复可以延长材料的使用寿命。自修复的实现主要是通过引入动态或可逆的共价作用力、非共价作用力以及修复剂等。

Xu课题组制备了具有三重网络结构的自修复荧光水凝胶——壳聚糖-琼脂糖、壳聚糖-PVA和琼脂糖-PVA。该水凝胶在冷却过程中形成了强交联的主干网络。这些强大的氢键网络可以有效抑制PVA链在一定范围内的运动,从而使水凝胶表现出较高的机械稳定性和拉伸性能。该水凝胶的自修复性能归因于水凝胶中由PVA-硼砂-PVA和PVA-甘油-PVA两种动态共价键交联反应组成的可逆网络。PVA与量子点之间存在静态氢键网络,使得量子点均匀地分散在水凝胶中,以确保稳定的荧光响应。结果表明,该水凝胶在不同条件下(如在水、空气、盐溶液、石油醚中)均表现出优异的自修复性能。此外,基于该水凝胶的荧光强度和施加的外部压力之间的独特关系,通过测定水凝胶荧光强度的变化即可实现对外部压力的测量。该水凝胶因其优异的自修复性能、压力重塑性能和荧光性能,具有巨大的应用潜力。

Li课题组通过将红色荧光的稀土多酸$[Eu(SiW_{10}MoO_{39})_2]^{13-}$掺杂到具有自修复性能的聚(2-丙烯酰胺-2-甲基-1-丙磺酸)基质中,同样可以得到兼具自修复性能以及酸碱响应的荧光开关特性的荧光水凝胶。

Jiang课题组利用氧化葡聚糖和二硫二丙酸二肼成功制备了一种新型自修复水凝胶。将CD、核黄素、罗丹明B掺杂到上述凝胶基质中,基于荧光共振能量转移,得到了具有自修复性能的白色荧光水凝胶。通过改变三种发射体的比例或者激发波长,可以很容易地调控发射颜色。当水凝胶包覆在紫外光激发的二极管上时,水凝胶涂层会将紫外光转化为白光,并且水凝胶的孔洞可以在20 h内自我修复。水凝胶网络中酰基腙和二硫键的可逆交换反应,使得水凝胶涂层在较宽的pH值范围(5~9,7除外)内表现出良好的自修复性能。优异的发射性能和自修复性能使得该水凝胶具有巨大的实际应用价值。

1.3　形状记忆荧光水凝胶

形状记忆指的是材料可以从外部刺激下形成的临时形状恢复到原始的形状。

Chen 课题组开发了一种兼具荧光开关和形状记忆特性的水凝胶。该水凝胶是通过将具有 pH 值响应的荧光分子苝四羧酸引入壳聚糖水凝胶中制成的。壳聚糖链在 pH 值触发下会组装或解组装成微晶体，利用这一可逆交联特性实现形状记忆。因此，微晶壳聚糖的形成和解离过程也伴随着荧光开关的响应，这样就可以利用荧光成像技术方便快捷地监测形状记忆过程。

具有形状记忆和荧光成像功能的材料在信息保护、防伪等领域具有重要的实际应用价值。Wu 课题组将供体－受体发色团引入聚(1－乙烯基咪唑－甲基丙烯酸)中，制得荧光水凝胶。研究结果表明，致密的链内氢键和链间氢键赋予水凝胶高韧性、高刚度以及温度调控的形状记忆特性。此外，通过光调控发色团的单体与二聚体的转变，实现了水凝胶的荧光调控。通过结合光刻和折纸/剪纸技术，荧光图案化的水凝胶板可以变成特定的三维结构。几何加密的荧光信息只有在连续的形状恢复和紫外光照射下才能被读取。荧光图案和三维结构具有可重复编程的特性，有利于信息的重复保护和读取。这种可重写的荧光图案和可重复编程的结构有利于安全性更高的防伪材料的开发。

1.4　自修复/形状记忆复合荧光水凝胶

近年来，多种功能一体化材料的研究备受关注。此类材料不仅本身同时具备多种功能，还有可能通过协同作用产生新的功能。本节将阐述兼具自修复和形状记忆特性的荧光水凝胶的研究进展。

Qu 课题组制备了一种伸长率优异、形状记忆性能高、自修复性能高和荧光强度可调的新型智能荧光金属水凝胶。该水凝胶可以延伸到原始长度的 50 倍且没有断裂。它的荧光强度可以通过 OH^-/H^+ 或 Zn^{2+}/AAc 进行调节。基于荧光可调的特点,可以对荧光图案进行反复设计。由 Fe^{3+}/H^+ 组成的可逆体系可以调控金属水凝胶的形状,使得该金属水凝胶具有形状记忆功能。这种高拉伸强度和多功能的金属水凝胶在可穿戴设备、信息存储、柔性传感器领域具有应用前景。

Qu 课题组设计并制备了由明胶/金属配合物缔合聚(丙烯酰胺–丙烯酸酯)的双网络凝胶。该水凝胶在 Fe^{3+} 和 H^+ 刺激下会发生荧光淬灭;在温度刺激下,会发生形状记忆和自修复行为。在此基础上,他们进一步设计了多个从二维到三维的多级数据加密平台。研究结果表明,这种智能荧光水凝胶在高级防伪方面有潜在的应用价值。

1.5 刺激响应性荧光薄膜

Chi 课题组基于牛血清白蛋白(BSA)包裹金纳米团簇(Au NC)开发了一类试剂消耗少、试剂毒性低的视觉传感荧光薄膜。该薄膜的荧光可被 Cu^{2+} 显著淬灭,荧光淬灭的薄膜又可通过组氨酸恢复。薄膜稳定、可回收,是理想的传感材料。

Wei 课题组通过层层组装技术构筑了基于 CdTe 量子点与层状双氢氧根单层交替组装的有序超薄膜,该薄膜可用于具有双参数信号和高响应灵敏度的荧光温度传感器。Ma 课题组同样通过层层组装技术将光学增白剂 BBU 和 Mg – Al 层状双氢氧化物纳米片进行组装,构筑了有机 – 无机杂化超薄膜,该薄膜对不同芳香硝基爆炸物表现出快速、高选择性和可逆的荧光响应,可用于芳香硝基爆炸化合物的检测。

1.6 刺激响应性荧光墨水

Wang 课题组报道了一种新型纳米材料,主链为咪唑基离子聚合物。该离子聚合物水溶性高,稳定性好,粒径分布窄,毒性低,光学性能优异。使用该离子聚合物水溶液书写的信息在日光下不可见,但可在便携式紫外灯照射下识别。此外,它们可以很容易地分别通过碳酸钠和乙酸进行进一步加密和解密。加密的信息在日光和/或紫外光下是不可见的。该工作为以水溶性离子聚合物点作为安全墨水进行数据记录提供了新的应用前景。

Xi 课题组合成了红绿蓝石墨烯量子点，并将其溶于含甘油的乙醇溶剂中，制备了红绿蓝荧光墨水。利用颜色、图案、特征荧光发射光谱以及石墨烯量子点的刺激响应发射，实现了日光下信息加密和紫外光下信息解密。此外，N 和 S 共掺杂的石墨烯量子点具有 Cu^{2+} 可淬灭和半胱氨酸(Cys)可恢复的蓝色荧光，与稀土配合物混合，可实现顺序敏感刺激响应信息加密。

1.7 稀土基荧光材料

1.7.1 稀土元素简介

稀土元素包括镧系元素(15 种)以及钪和钇，共 17 种。稀土元素本征发光源自内层 4f 电子的 f−f 跃迁。由于外层 5s 轨道和 5p 轨道对内层 4f 轨道的屏蔽作用，4f 电子不容易受到外界干扰，因而电子在发生 f−f 跃迁后，可以得到色纯度高且谱带窄的光谱，并且斯托克斯位移大，荧光寿命可达微秒级或毫秒级。另外，稀土离子的发光范围覆盖可见光(如绿光 Tb^{3+}、红光 Eu^{3+}、橙光 Sm^{3+}、蓝光 Tm^{3+})和近红外光(如 Pr^{3+}、Er^{3+}、Nd^{3+}、Yb^{3+})。

基于轨道选律可知，稀土元素的 f−f 电子跃迁是禁阻的，导致其摩尔吸光系数小，发光效率低。针对这一缺陷，通过引入光捕获能力较强的配体与稀土离子配位，将配体吸收的能量转移给稀土离子，即可敏化稀土离子发光，增强荧光，这一现象称为"天线效应"。机理如下：经过紫外光辐射，与稀土离子配位的配体吸收能量，电子从基态 S_0 跃迁到激发单重态 S_1，然后经由非辐射的系间窜越至激发三重态 T_1，再经由非辐射跃迁把能量传递给能级匹配的稀土离子，最终稀土离子发射出对应的特征荧光。需要指出的是，能量传递效率取决于配体的 T_1 能级和稀土离子的最低激发态能级的匹配程度。二者之间的能级差过大或者过小，能量传递效率都会降低。

1.7.2 稀土基荧光水凝胶

当稀土离子与高频的—OH、—CH、—NH 基团作用时,会导致激发态非辐射失活,荧光发生淬灭。为了减弱稀土离子与水分子的作用,研究者们使稀土离子以配位方式直接参与凝胶的制备,或者将稀土配合物掺杂到凝胶基质中。

Maji 课题组将端位为三联吡啶的配体与稀土离子(Tb^{3+},Eu^{3+})进行配位组装,制得了荧光水凝胶。通过调节 Tb^{3+} 与 Eu^{3+} 的物质的量比,得到了发白光的水凝胶。Yang 课题组将脱氧鸟苷(dG)与稀土离子(Ln^{3+})复合制得荧光水凝胶。结果表明,dG/Tb 发绿光,dG/Eu 无荧光,当改变 Tb^{3+} 与 Eu^{3+} 的物质的量比时,可以得到不同发光颜色的水凝胶。此外,在 Ag^+/L – Cys、温度和 pH 值的刺激下,该水凝胶表现出了可逆的荧光开关特性。

Chen 课题组将 K6APA 和 NIPAM 通过自由基共聚制得水凝胶,然后再与 Tb^{3+} 和 Eu^{3+} 配位制备荧光水凝胶。发光颜色可根据酸/碱或金属离子的变化进行调控。该水凝胶在仿生软体机器人、可视化检测、生物传感器以及伪装领域具有广阔的应用前景。

Wang 等人将海藻酸钠/聚丙烯酰胺水凝胶与稀土离子进行复合,制得荧光水凝胶。该水凝胶力学性能优异,发光性能好,发光颜色可调,细胞相容性好。此外,将海藻酸钠/聚乙烯醇水凝胶与稀土离子进行复合,同样可以制得荧光水凝胶。该水凝胶不仅具有良好的机械性能、发光性能、生物相容性,还具有很好的抗菌活性。Hao 课题组采取一锅自由基聚合的方法,将 N – 异丙基丙烯酰胺与稀土配合物聚合,制得荧光水凝胶。该水凝胶荧光强,寿命长,量子产率高。此外,通过调控 Tb^{3+} 与 Eu^{3+} 的物质的量比,可以得到不同发光颜色的荧光水凝胶。

1.7.3 稀土基荧光薄膜

Tang 课题组选取具有质子敏感特性的酰胺型 β – 二酮作为光敏配体,通过加入固定含量的 Tb^{3+} 和 Eu^{3+} 以及聚乙烯吡咯烷酮制备了多色荧光薄膜,该薄膜对酸碱气体均存在荧光响应。此外,该薄膜由于稳定性好,响应快,可循环使用,有望用于酸碱气体的荧光传感器。Wang 课题组通过层层组装的方法制备了基于 Tb^{3+}/Eu^{3+} 的透明超薄荧光薄膜,该薄膜对 Fe^{3+} 具有较好的选择性,可用于 Fe^{3+} 的荧光探针。Li 课题组通过溶液浇铸法制备了 Tb^{3+}/Eu^{3+} 双稀土柔性透明荧光薄膜,基于 Tb^{3+} 到 Eu^{3+} 的能量转移,进一步将该薄膜应用于自校准的温度传感器,在 77~297 K 温度范围内展现出优异的线性响应。Yu 课题组构筑了基于 Tb^{3+}/Eu^{3+} 双稀土的荧光薄膜,并将该薄膜用于自校准的药物分子传感器。Yao 课题组将琼脂糖与稀土多酸 $[Eu(SiW_{10}MoO_{39})_2]^{13-}$ 复合制备了荧光薄膜,并通过紫外光和加热实现了荧光开关的可逆调控,有望应用于可重写的光存储器。Song 课题组将聚丙烯腈与稀土多酸 $[EuW_{10}O_{36}]^{9-}$ 复合,并通过静电纺丝技术制备了柔性、自支持的荧光薄膜,该薄膜具有可逆性好、对比度高、pH 值可调的荧光开关特性。

1.7.4　稀土基荧光墨水

Júnior 课题组合成了系列稀土有机框架(Ln - MOF),并将其制成墨水装入商业打印机中,Ln - MOF 油墨打印的图像只能在紫外光下观察到。Utochnikova 课题组合成了系列基于稀土离子的水溶性复合物,并将其用作墨水实现荧光打印,打印的图像也只能在紫外光下观察到,在信息安全存储及防伪领域具有潜在的应用价值。

第 2 章 苯丙氨酸/稀土基水凝胶的 可逆荧光开关及防伪

苯丙氨酸(Phe)是一种廉价、无毒、天然的氨基酸,也是人体的必需氨基酸之一。Phe 的氨基和羧基可以与金属离子配位,分子间的疏水/π-π 堆积作用可以促进超分子组装。这些驱动力对于凝胶的形成是非常必要的。因此,天然的 Phe 是构筑稀土基环保型荧光材料的理想配体。本章以 Phe 作为配体与 Tb^{3+} 和 Eu^{3+} 在室温下发生配位反应。在此条件下,稀土离子配位层的水分子可以被 Phe 分子取代,凝胶态的稀土离子比溶液态的稀土离子具有更强的荧光性能和更长的荧光寿命。制得的两种环境友好的水凝胶 Phe - Tb 和 Phe - Eu 分别发绿色荧光和红色荧光。此外,动态的配位键使其在 pH 值刺激下表现出可逆的溶胶 - 凝胶转变并伴随着荧光开关效应。更重要的是,剪切变稀特性使其可直接作为荧光墨水用于防伪,这不仅可以避免荧光材料在有机溶剂中的分散,并且可以在多种材质的基底上进行书写。

2.1 苯丙氨酸/稀土基荧光水凝胶的制备

2.1.1 实验试剂

本章所需试剂为 Tb (NO₃)₃ · 5H₂O (Tb, 435.02 g · mol⁻¹)、Eu (NO₃)₃ · 6H₂O (Eu, 446.06 g · mol⁻¹)和 L - 苯丙氨酸(Phe,

165.19 $g \cdot mol^{-1}$)。

2.1.2　表征方法

采用红外光谱(FT-IR)仪、X 射线光电子能谱(XPS)仪、流变仪以及荧光光谱仪对所制备的荧光水凝胶进行测试。与稀土离子配位的水分子数目 q_{Ln}通过下述公式计算:

$$q_{Ln} = A_{Ln}(1/\tau_{H_2O} - 1/\tau_{D_2O}) \tag{2-1}$$

其中,$A_{Tb} = 4.2$,$A_{Eu} = 1.05$。τ_{H_2O} 与 τ_{D_2O}分别是样品在 H_2O 和 D_2O 环境下的激发态寿命。τ 的单位为 ms,q_{Ln}误差为 ± 0.5。实验中所用的 16%、43%、75% 以及 98% 的相对湿度环境分别是通过配制 $CaCl_2$、K_2CO_3、$NaCl$ 的饱和盐溶液以及二次蒸馏水获得的。

2.1.3　制备方法

制备苯丙氨酸/稀土基荧光水凝胶,氨基酸、氢氧化钠、稀土盐的物质的量比为 1:2:1,具体过程如下。

Phe-Tb 水凝胶的制备:将 0.04 g Phe 和 0.02 g NaOH 溶于 0.5 mL 水中,将 0.11 g $Tb(NO_3)_3 \cdot 5H_2O$ 溶于 0.16 mL 水中,待样品完全溶解后,边搅拌边将 $Tb(NO_3)_3$的水溶液逐滴加入到 Phe 的溶液中,即形成 Phe-Tb 水凝胶。

Phe-Eu 水凝胶的制备:将 0.04 g Phe 和 0.02 g NaOH 溶于 0.5 mL 水中,将 0.11 g $Eu(NO_3)_3 \cdot 5H_2O$ 溶于 0.16 mL 水中,待样品完全溶解后,边搅拌边将 $Eu(NO_3)_3$的水溶液逐滴加入到 Phe 的溶液中,即形成 Phe-Eu 水凝胶。

2.2　苯丙氨酸/稀土基荧光水凝胶的表征

2.2.1　苯丙氨酸与稀土离子的成胶行为

首先将 Phe 和 NaOH 溶于水中形成透明溶液，Tb$(NO_3)_3$溶于水中形成透明溶液，然后边搅拌边将 Tb$(NO_3)_3$的水溶液逐滴加入到上述 Phe 的溶液中，混匀后得到不透明的水凝胶，如图 2 - 1(b)所示。NaOH 的作用是恢复 Phe 的配位能力，如图 2 - 1(a)所示，倒置法用于证明凝胶的形成，如图 2 - 1(c)所示。同等条件下，单独的 Phe 溶液以及单独的 Tb$(NO_3)_3$溶液均没有形成水凝胶(图 2 - 2)。这表明，Tb$(NO_3)_3$在氨基酸成胶的过程中起着非常重要的作用。同样，将 Phe 与 Eu$(NO_3)_3$相混合，也形成了不透明的水凝胶，如图 2 - 1(d)所示。

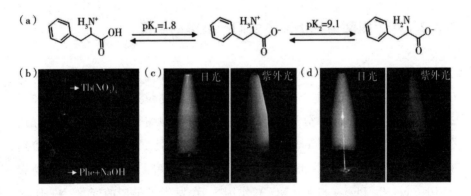

图 2 - 1　(a)不同 pH 值水溶液中 Phe 分子的种类；(b)荧光水凝胶的制备过程；
(c)Phe - Tb 水凝胶和(d)Phe - Eu 水凝胶在日光和紫外光下的照片

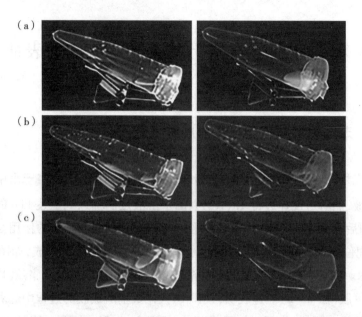

图 2 - 2 (a)单独 $Tb(NO_3)_3$水溶液、(b)单独 $Eu(NO_3)_3$水溶液
和(c)(Phe + NaOH)水溶液在日光(左)和紫外光(右)下的照片

2.2.2 苯丙氨酸与稀土离子之间配位键的表征

配位键的形成可以通过 FT - IR 手段表征。配位键一旦形成,N—H 和
COO^- 基团的振动带往往会因配位环境的改变向高位移的方向移动。如图
2 - 3所示,在单独的 Phe 分子中,N—H 的不对称伸缩带和对称伸缩带分别
位于3089 cm^{-1} 和3065 cm^{-1},与 $Tb(NO_3)_3$作用之后,二者分别移动到
3350 cm^{-1}和3277 cm^{-1}。此外,COO^- 的不对称伸缩带从 1625 cm^{-1} 移动到
了 1646 cm^{-1}。Phe 在与 $Eu(NO_3)_3$作用之后,发生了类似的变化,N—H 的
不对称伸缩带和对称伸缩带分别移动到了3355 cm^{-1}和3276 cm^{-1},COO^- 移
动到了1643 cm^{-1}。这表明,Phe 中的—NH_2和—COOH 基团与 Tb^{3+} 和 Eu^{3+}
发生了配位。

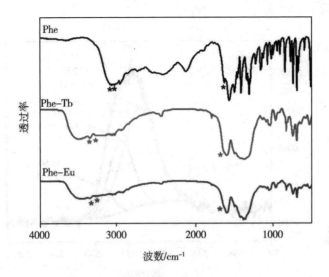

图 2 - 3　冻干水凝胶样品的 FT - IR 图

　　XPS 是表征配位键的另一种有效手段。如图 2 - 4(a)所示，Phe 在
532.20 eV 和 531.24 eV 处出现了两个特征峰，分别归属于 C—O 和 C ═O。
然而，在与 Tb(NO₃)₃ 和 Eu(NO₃)₃ 作用之后，Phe - Tb 和 Phe - Eu 在
530.60 eV 和 530.61 eV 处分别出现了新峰，如图 2 - 4(b)和图 2 - 4(c)所
示，说明形成了 O—Tb 和 O—Eu 配位键，与 FT - IR 结果一致，进一步说明
了氨基酸与稀土离子之间配位键的形成。

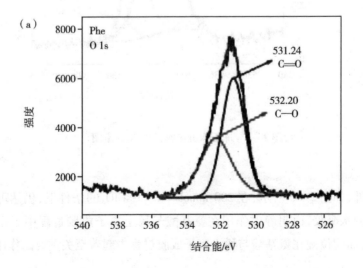

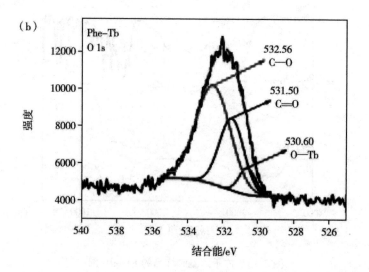

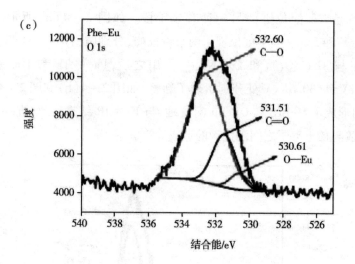

图 2 - 4　冻干水凝胶样品的 XPS 谱图

　　此外,如图 2 - 5 所示,在 200 mmol · L^{-1} NaClO$_4$ 的条件下,仍然可以形成稳定的水凝胶,说明静电作用在氨基酸与稀土离子成胶过程中不是主要驱动力,而配位键在氨基酸与稀土离子成胶过程中起着至关重要的作用。

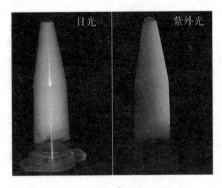

图 2 - 5 添加 200 mmol · L⁻¹ NaClO₄ 的 Phe - Tb 水凝胶
在日光和紫外光下的照片

2.3 苯丙氨酸/稀土基荧光水凝胶的可逆荧光开关

如图 2 - 6(a)所示,Phe - Tb 水凝胶具有很强的荧光。在 378 nm 光激发下,Phe - Tb 水凝胶分别在 490 nm、544 nm、585 nm 和 620 nm 处展现出了4 个特征峰,如图 2 - 6(c)所示,分别对应 $^5D_4 \rightarrow {}^7F_6$、$^5D_4 \rightarrow {}^7F_5$、$^5D_4 \rightarrow {}^7F_4$ 和 $^5D_4 \rightarrow {}^7F_3$ 跃迁。绿光发射主要来源于 $^5D_4 \rightarrow {}^7F_5$ 跃迁。此外,由于水分子对稀土离子的淬灭作用,与 Phe - Tb 水凝胶相比,相同浓度单独的 Tb(NO₃)₃ 溶液表现出了较弱的荧光。这一结果表明,向单独的 Tb(NO₃)₃ 溶液中加入去质子化的 Phe 后,去质子化的 Phe 分子取代了配位水分子,使得 Tb³⁺ 的荧光大大增强。通过调控体系的 pH 值,可以实现对水凝胶的可逆荧光开关行为的调控。向 Phe - Tb 水凝胶中加入 HCl 之后,Phe 的羧基与氨基将被质子化,使得 Phe 与 Tb³⁺ 之间配位键发生解离,天线效应消失。由于天线效应的消失,Tb³⁺ 的荧光发生淬灭,同时伴随着溶胶 - 凝胶的转变,如图 2 - 6(a)和图 2 - 6(b)所示。此外,向上述溶液中加入 NaOH 之后,Phe 与 Tb³⁺ 之间的配位键重新缔合,天线效应恢复,使得 Tb³⁺ 的荧光恢复,同时伴随着溶胶 - 凝胶的转变。荧光光谱同样证明了荧光的恢复,如图 2 - 6(c)所示。恢复后的水凝胶的荧光强度与原始水凝胶相比略有下降,源于所加 HCl 和 NaOH 的稀释作用。上述研究结果表明,在 pH 值刺激下,荧光开关行为是可逆的。

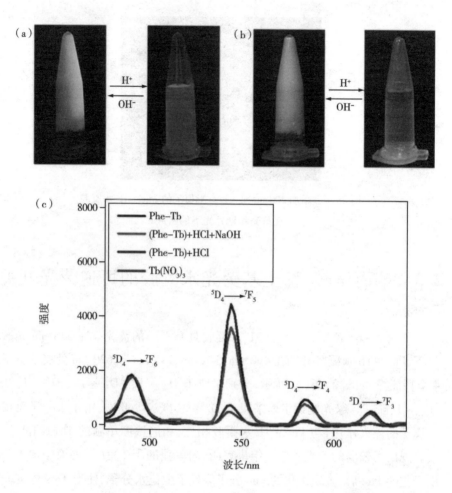

图 2-6　Phe-Tb 对 pH 值响应的(a)荧光开关行为和(b)溶胶-凝胶转变行为的照片;
(c)Phe-Tb、Tb(NO₃)₃、(Phe-Tb) + HCl、(Phe-Tb) + HCl + NaOH 的荧光发射光谱

由图 2-7(a)可知,Phe-Tb 水凝胶的荧光寿命衰减曲线展现了单指数衰减的行为。Phe-Tb 在凝胶态时的寿命长于溶液态的寿命,如图 2-7(c)所示,源于在凝胶态时,配位水分子被 Phe 取代了。根据计算公式可知,在凝胶态时,q_{Tb} = 3.11;在溶液态时,q_{Tb} = 6.32,此结果进一步证明了在凝胶态时,配位水分子被 Phe 取代了(图 2-10,表 2-1)。加碱恢复后的水凝胶的荧光寿命同样恢复到原始状态,如图 2-7(b)所示,这与荧光发射光谱结果一致。很明显,Phe-Tb 在凝胶态时的荧光寿命大约是溶液态时的 2 倍。

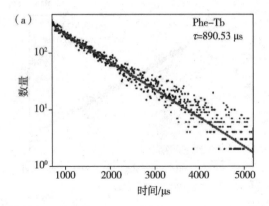

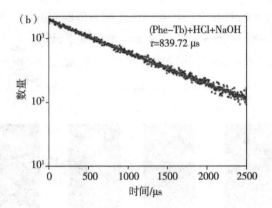

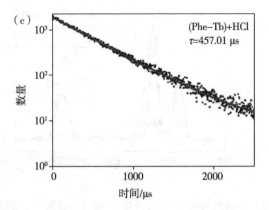

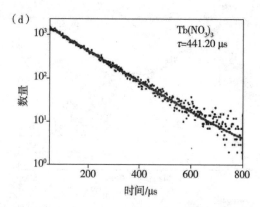

图2-7 pH值刺激下Phe-Tb水凝胶在H_2O环境下的荧光寿命衰减曲线

Phe-Eu具有类似的荧光开关特性伴随着溶胶-凝胶的转变行为,如图2-8(a)和图2-8(b)所示。在394 nm光激发下,Phe-Eu水凝胶分别在591 nm、614 nm和694 nm处展现出3个特征峰,如图2-8(c)所示,分别对应于$^5D_0 \rightarrow \ ^7F_1$、$^5D_0 \rightarrow \ ^7F_2$和$^5D_0 \rightarrow \ ^7F_4$跃迁。红光发射主要来源于$^5D_0 \rightarrow \ ^7F_2$跃迁。

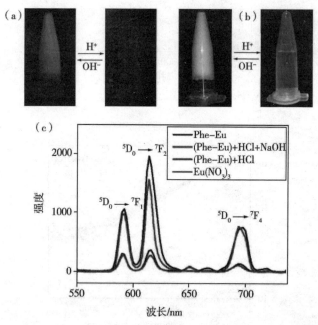

图2-8 Phe-Eu对pH值响应的(a)荧光开关行为和(b)溶胶-凝胶转变行为的照片;(c)Phe-Eu、Eu$(NO_3)_3$、(Phe-Eu)+HCl、(Phe-Eu)+HCl+NaOH的荧光发射光谱

与 Phe‐Tb 类似，Phe‐Eu 在凝胶态时的配位水分子数目少于其在溶液态的配位水分子数目(图 2‐10,表 2‐1),使得 Phe‐Eu 在凝胶态的荧光寿命长于其在溶液态的荧光寿命,如图 2‐9(c)所示,同时,加碱恢复后的水凝胶的荧光寿命恢复到原始状态,如图 2‐9(b)所示。在凝胶态时,q_{Eu} = 3.64;在溶液态时,q_{Eu} = 7.71。此外,上述结果表明,通过选择不同的稀土离子可以得到具有不同发光颜色的荧光材料。

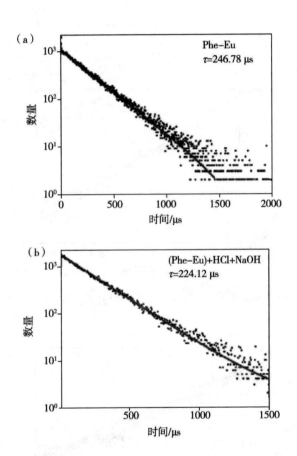

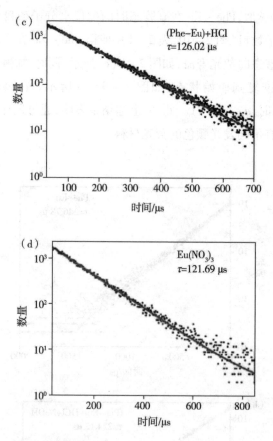

（c）(Phe–Eu)+HCl $\tau=126.02\ \mu s$

（d）Eu(NO$_3$)$_3$ $\tau=121.69\ \mu s$

图 2 - 9　pH 值刺激下 Phe – Eu 水凝胶在 H$_2$O 环境下的荧光寿命衰减曲线

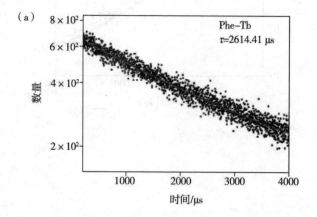

（a）Phe–Tb $\tau=2614.41\ \mu s$

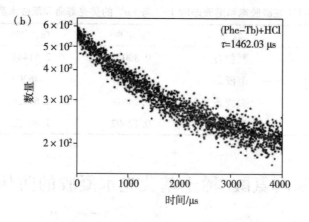

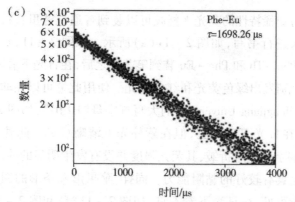

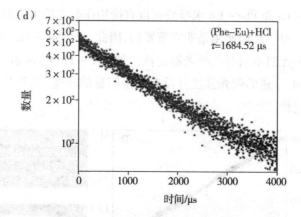

图 2 - 10　Phe - Ln 在 D_2O 环境下的荧光寿命衰减曲线

表 2 - 1   在凝胶态和溶液态时 Tb^{3+} 与 Eu^{3+} 的荧光寿命和配位水数目

复合物	状态	τ_{H_2O}/ms	τ_{D_2O}/ms	q_{Ln}
Phe - Tb	凝胶态	0.89053	2.61441	3.11
Phe - Tb	溶液态	0.45701	1.46203	6.32
Phe - Eu	凝胶态	0.24678	1.69826	3.64
Phe - Eu	溶液态	0.12602	1.68452	7.71

2.4   苯丙氨酸/稀土基荧光水凝胶的防伪应用

具有剪切变稀特性的荧光水凝胶可以装到普通笔芯里直接用作环境友好的荧光墨水进行书写,如图 2 - 11(a)所示。如图 2 - 11(b)和图 2 - 11(c)所示,将 Phe - Tb 和 Phe - Eu 装到笔芯里之后,在日光下看不到颜色,而在紫外光下分别发出绿色荧光和红色荧光。使用此笔可以在非荧光纸张上直接书写"Heilongjiang University"的大写首字母"HLJU",如图 2 - 11(d)所示,这些字母在日光下看不见,但在紫外光下清晰可见。此外,如图 2 - 11(e)所示,这些字迹经过折皱,其荧光强度并没有发生明显的改变,说明这些墨水在纸张上具有较好的黏附能力。同样,苹果形和条形的图案也只有在紫外光下清晰可见,在日光下看不见,如图 2 - 11(f)和图 2 - 11(g)所示。这表明,Phe - Tb 和 Phe - Eu 水凝胶可以直接用作荧光墨水实现防伪。荧光图案的稳定性对于长期使用是非常重要的,因此,以"Phe - Tb"字迹为例,研究其在日光下光照不同时间的光稳定性。如图 2 - 11(h)所示,在日光下照射不同的时间,字迹的荧光强度并没有发生明显的改变,说明荧光墨水具有良好的光稳定性。

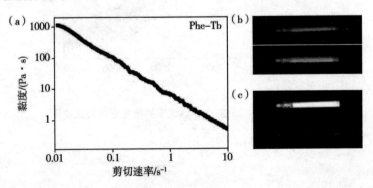

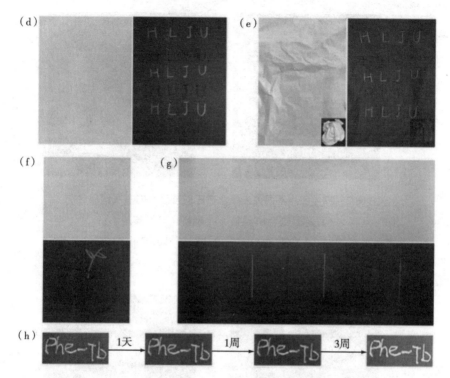

图 2 - 11　(a) Phe - Tb 水凝胶在 25 ℃时的剪切速率扫描曲线;在日光和紫外光
下填充(b) Phe - Tb 水凝胶和(c) Phe - Eu 水凝胶的笔芯照片;"HLJU"在(d)
折皱前和(e)折皱后日光和紫外光下的照片;(f)苹果形和(g)条形图案在日光
和紫外光下的照片;(h)"Phe - Tb"字迹经不同光照时间的光稳定性

　　与此同时,荧光墨水可以在不同材质基底表面进行书写(图 2 - 12),如
称量纸、铝箔、塑料以及石英片。图 2 - 13 表明,位于不同材质基底表面的
"HLJU"的字迹和荧光强度在放置一个月甚至弯折基底后并没有发生变化,
这说明荧光墨水在不同材质基底表面同样具有较好的黏附能力。此外,将
荧光墨水在不同基底表面书写的字迹放置在不同温度(150 ℃和 - 15 ℃)和
不同湿度(16%、43%、75% 和 98%)的环境下,同样表现出了较好的黏附能
力,如图 2 - 14 和图 2 - 15 所示。另外,水凝胶可以冻干成粉末存储,加水后
可以重新形成水凝胶用作荧光墨水(图 2 - 16)。

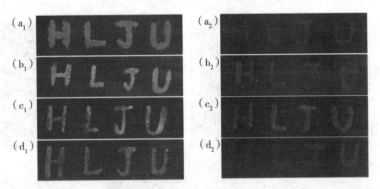

图 2 - 12　使用不同荧光墨水在不同基底上的书写情况

(a)称量纸、(b)铝箔、(c)塑料、(d)石英片

($a_1 \sim d_1$ 用 Phe - Tb 荧光墨水书写；$a_2 \sim d_2$ 用 Phe - Eu 荧光墨水书写)

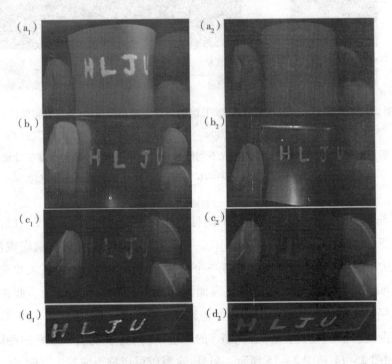

图 2 - 13　不同基底上"HLJU"字迹在放置一个月后经过弯折的照片

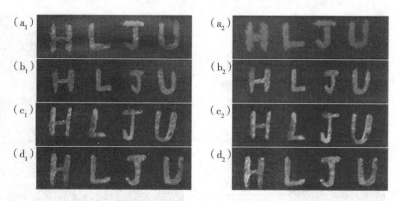

图 2 – 14　不同基底上写有"HLJU"的字迹在 150 ℃（$a_1 \sim d_1$）

和 – 15 ℃（$a_2 \sim d_2$）下放置 30 min 的照片

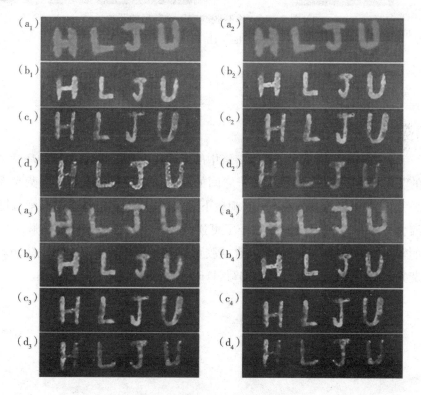

图 2 – 15　不同基底上写有"HLJU"的字迹在不同湿度下放置 30 min 的照片

（$a_1 \sim d_1$ 16%；$a_2 \sim d_2$ 43%；$a_3 \sim d_3$ 75%；$a_4 \sim d_4$ 98%）

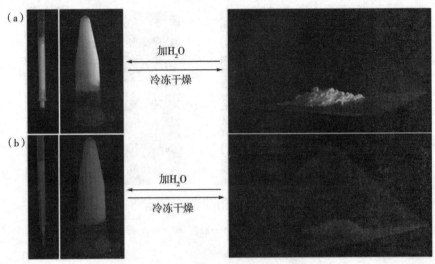

图 2 - 16　水凝胶冷冻干燥前后的照片

(a)Phe - Tb;(b)Phe - Eu

2.5　本章小结

利用 Phe 与稀土离子在水溶液中的配位作用,成功制备了两种环境友好的荧光水凝胶。Phe 与稀土离子之间的配位作用使得稀土离子的荧光强度增大、荧光寿命延长。在 pH 值刺激下,通过调控 Phe 与稀土之间配位键的缔合与解离,荧光水凝胶被赋予了可逆荧光开关特性并伴随着溶胶 - 凝胶的转变。剪切变稀特性使荧光水凝胶可以直接用作荧光墨水实现防伪。该荧光水凝胶在信息安全存储、书写、打印、防伪等领域有广泛的应用。

第3章 1,3,5-苯三甲酸/稀土基荧光水凝胶的制备及防伪

在众多的有机敏化剂中,芳香羧酸1,3,5-苯三甲酸(H_3BTC)因具有强亲和能力及强吸收的发色团而成为稀土离子的高效敏化剂。本章以1,3,5-苯三甲酸为光敏配体,将其与Tb^{3+}和Eu^{3+}在室温下于水中进行配位组装,最终制备了绿色、红色和黄色的荧光水凝胶。得到的水凝胶因具有荧光强、寿命长、日光下不可见、稳定性好等优点而被用作荧光防伪墨水,实现荧光防伪图案的绘制。该荧光墨水还可以用毛笔在不同材质基底表面进行书写,并且荧光墨水以凝胶态存在,不使用有机溶剂,便于储存和携带。

3.1 1,3,5-苯三甲酸/稀土基荧光水凝胶的制备

3.1.1 实验试剂

本章所用试剂为 H_3BTC(210.14 g·mol^{-1})、$Tb(NO_3)_3 \cdot 5H_2O$(435.02 g·mol^{-1})和$Eu(NO_3)_3 \cdot 6H_2O$(446.06 g·mol^{-1})。

3.1.2 表征方法

采用红外光谱(FT-IR)、X射线光电子能谱(XPS)、扫描电镜(SEM)、

紫外－可见光谱和荧光光谱对所制备的材料进行测试。

3.1.3 制备方法

制备 1,3,5－苯三甲酸/稀土基荧光水凝胶，H_3BTC、NaOH、稀土盐的物质的量比为 1∶3∶1，具体过程如下。

H_3BTC－Tb 水凝胶的制备：将 0.06 g H_3BTC 和 0.04 g NaOH 溶于 0.38 mL 水中，将 0.13 g $Tb(NO_3)_3 \cdot 5H_2O$ 溶于 0.06 mL 水中，待样品完全溶解后，边搅拌边将 $Tb(NO_3)_3$ 的水溶液逐滴加入到 H_3BTC 的溶液中，即形成 H_3BTC－Tb 水凝胶。

H_3BTC－Eu 水凝胶的制备：将 0.06 g H_3BTC 和 0.04 g NaOH 溶于 0.38 mL 水中，将 0.13 g $Eu(NO_3)_3 \cdot 6H_2O$ 溶于 0.06 mL 水中，待样品完全溶解后，边搅拌边将 $Eu(NO_3)_3$ 的水溶液逐滴加入到 H_3BTC 的溶液中，即形成 H_3BTC－Eu 水凝胶。

H_3BTC－$Tb_{0.9}Eu_{0.1}$ 水凝胶的制备：将 0.06 g H_3BTC 和 0.04 g NaOH 溶于 0.38 mL 水中，将 0.12 g $Tb(NO_3)_3 \cdot 5H_2O$ 和 0.01 g $Eu(NO_3)_3 \cdot 6H_2O$ 溶于 0.06 mL 水中，待样品完全溶解后，边搅拌边将 $Tb(NO_3)_3$ 与 $Eu(NO_3)_3$ 的混合溶液逐滴加入到 H_3BTC 的溶液中，即形成 H_3BTC－$Tb_{0.9}Eu_{0.1}$ 水凝胶。

3.2 1,3,5－苯三甲酸/稀土基荧光水凝胶的表征

3.2.1 1,3,5－苯三甲酸与稀土离子的成胶行为

首先将 H_3BTC 和 NaOH 溶于水中形成透明溶液，$Tb(NO_3)_3$ 溶于水中形成透明溶液，然后边搅拌边将 $Tb(NO_3)_3$ 的水溶液逐滴加入到上述 H_3BTC 的溶液中，不透明的水凝胶立即形成，如图 3－1(b) 所示。NaOH 用于恢复 H_3BTC 的配位能力，如图 3－1(a) 所示，倒置法用于证明凝胶的形成，如图 3－1(c) 所示。同等条件下，单独的 H_3BTC 溶液以及单独的 $Tb(NO_3)_3$ 溶液均没有形成水凝胶(图 3－2)。这表明，$Tb(NO_3)_3$ 在 H_3BTC 成胶的过程中

起着非常重要的作用。同等条件下,将 H_3BTC 与 $Eu(NO_3)_3$ 相混合,也形成了不透明的水凝胶,如图 3 -1(d)所示。

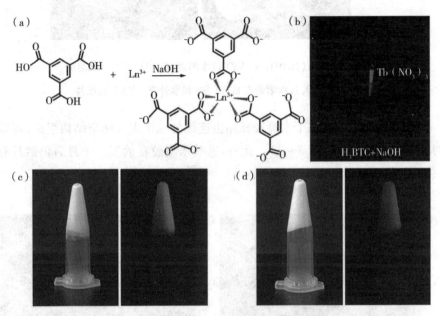

图 3 - 1　(a) H_3BTC - Ln 配合物的可能结构示意图;(b)荧光水凝胶的制备过程;
(c) H_3BTC - Tb 水凝胶和(d) H_3BTC - Eu 水凝胶在日光和紫外光下的照片

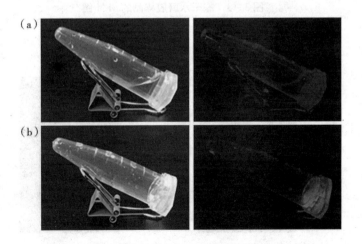

图 3 - 2 (a)(H₃BTC + NaOH)水溶液、(b)Tb(NO₃)₃水溶液、
(c)Eu(NO₃)₃水溶液在日光(左)和紫外光(右)下的照片

SEM 结果表明,冻干水凝胶样品由连续的三维多孔网络结构组成,可以用于封装溶剂分子(图 3 - 3)。此外,这些水凝胶在放置一个月后仍然具有较好的稳定性(图 3 - 4)。

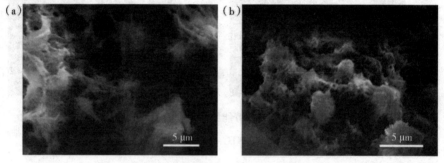

图 3 - 3 冻干水凝胶样品的 SEM 图
(a)H₃BTC - Tb;(b)H₃BTC - Eu

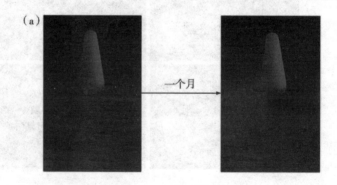

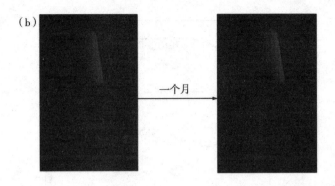

图 3 - 4　水凝胶样品放置一个月后的照片

（a）H₃BTC - Tb；（b）H₃BTC - Eu

3.2.2　1,3,5 - 苯三甲酸与稀土离子之间配位键的表征

配位键的形成可以通过 FT - IR 和 XPS 手段表征。如图 3 - 5 所示，H₃BTC 分子中位于 1720 cm⁻¹ 处 COOH 中 C ═O 的伸缩带在与稀土离子作用之后消失，COO⁻ 的伸缩带出现。此外，COO⁻ 的不对称伸缩带和对称伸缩带分别劈裂成两个峰。在 H₃BTC - Tb 中，不对称伸缩带位于 1615 cm⁻¹ 和 1563 cm⁻¹ 处，对称伸缩带位于 1437 cm⁻¹ 和 1381 cm⁻¹ 处。在 H₃BTC - Eu 中，不对称伸缩带位于 1614 cm⁻¹ 和 1560 cm⁻¹ 处，对称伸缩带位于 1436 cm⁻¹ 和 1381 cm⁻¹ 处。此外，H₃BTC - Tb 和 H₃BTC - Eu 分别在 445 cm⁻¹ 和 454 cm⁻¹ 处出现了新峰，分别为 O—Tb 和 O—Eu 的振动峰。综上所述，H₃BTC 分子中的 COO⁻ 基团与 Tb³⁺ 和 Eu³⁺ 进行了配位。

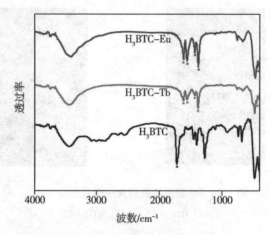

图 3 - 5　冻干水凝胶样品的 FT - IR 图

如图 3 - 6(a)所示，H_3BTC 在 533.21 eV 和 531.84 eV 处出现了两个特征峰，分别归属于 C—O 和 C=O。然而，在与 $Tb(NO_3)_3$ 和 $Eu(NO_3)_3$ 作用之后，$H_3BTC - Tb$ 和 $H_3BTC - Eu$ 在 531.48 eV 和 531.30 eV 处分别出现了新峰，说明 O—Tb 和 O—Eu 配位键的形成，如图 3 - 6(b)和图 3 - 6(c)所示。此结果与 FT - IR 结果一致，进一步说明了 H_3BTC 与稀土离子之间配位键的形成。此外，根据文献报道以及考虑到复合物的组成，可以推测出 H_3BTC 中的羧基与稀土离子的物质的量比为 3∶1。因此，H_3BTC 与稀土离子的可能配位模式如图 3 - 1(a)所示。

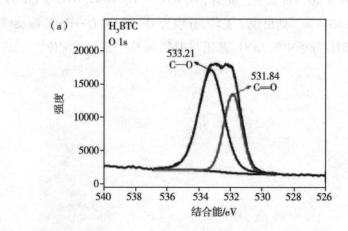

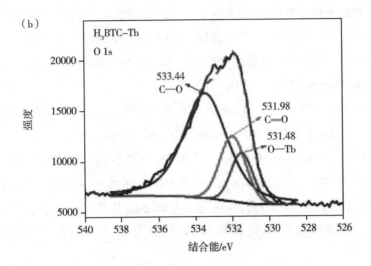

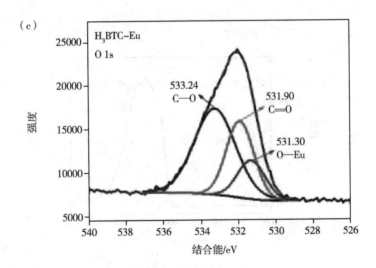

图 3 - 6　冻干水凝胶样品的 XPS 谱图

（a）H_3BTC；（b）$H_3BTC - Tb$；（c）$H_3BTC - Eu$

3.2.3　H_3BTC/稀土基荧光水凝胶的荧光性质表征

通过荧光光谱对所得荧光水凝胶的荧光性质进行表征。如图 3 - 7 所示，H_3BTC 在 295 ~ 395 nm 范围内展现了较宽的包峰，归属于 $\pi - \pi^*$ 跃迁。

H_3BTC 与稀土离子复合之后,如图 3 - 8(a)和图 3 - 8(b)所示,此峰发生了蓝移,说明二者之间产生了相互作用。如图 3 - 8(c)所示,在 300 nm 光激发下,H_3BTC - Tb 水凝胶分别在 488 nm、542 nm、583 nm 和 618 nm 处展现出了 4 个特征峰,分别对应于 $^5D_4 \to {}^7F_6$、$^5D_4 \to {}^7F_5$、$^5D_4 \to {}^7F_4$ 和 $^5D_4 \to {}^7F_3$ 跃迁。绿光发射主要来源于 $^5D_4 \to {}^7F_5$ 跃迁。如图 3 - 8(d)所示,在 300 nm 光激发下,H_3BTC - Eu 水凝胶分别在591 nm、614 nm 和 693 nm 处展现出了 3 个特征峰,分别对应于 $^5D_0 \to {}^7F_1$、$^5D_0 \to {}^7F_2$ 和 $^5D_0 \to {}^7F_4$ 跃迁。红光发射主要来源于 $^5D_0 \to {}^7F_2$ 跃迁。由图 3 - 8(e)可知,H_3BTC - Tb 水凝胶的荧光寿命衰减曲线展现了单指数衰减的行为,寿命为 614.16 μs。H_3BTC - Eu 水凝胶的荧光寿命衰减曲线展现了单指数衰减的行为,如图 3 - 8(f)所示,寿命为 182.08 μs。

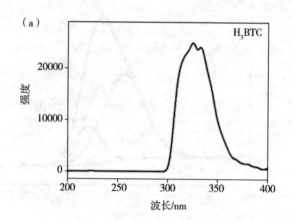

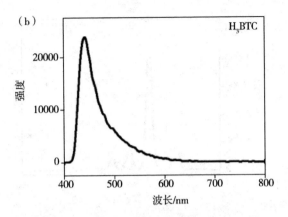

图 3 - 7   (a)H₃BTC 的激发光谱(λ_{em} = 439 nm)
和(b)H₃BTC(λ_{ex} = 332 nm)的荧光发射光谱

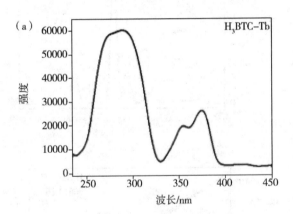

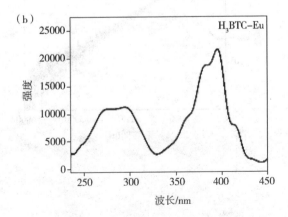

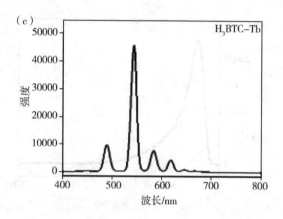

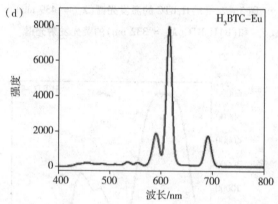

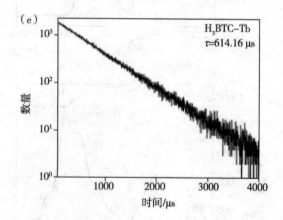

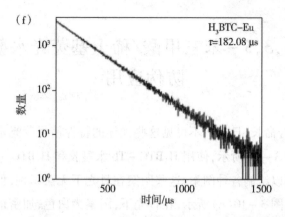

图 3 - 8　水凝胶(a) H_3BTC - Tb 和(b) H_3BTC - Eu 的激发光谱；
水凝胶(c) H_3BTC - Tb 和(d) H_3BTC - Eu 的荧光发射光谱；
水凝胶(e) H_3BTC - Tb 和(f) H_3BTC - Eu 的荧光寿命衰减曲线

H_3BTC 和 H_3BTC - Ln 的紫外 - 可见吸收光谱见图 3 - 9。

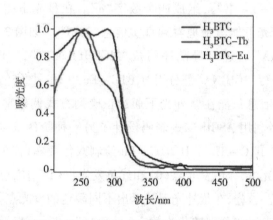

图 3 - 9　H_3BTC、H_3BTC - Tb 和 H_3BTC - Eu 的紫外 - 可见吸收光谱

　　稀土离子由于 f - f 跃迁禁阻,在直接激发时不能表现出明显的发光,但可以被有机配体所敏化。对于 Tb^{3+} 和 Eu^{3+} 来说,最佳配体到金属的能量转移过程需要的能量差分别在 2500 ~ 4500 cm^{-1} 和 2500 ~ 4000 cm^{-1} 范围内。H_3BTC 的三重态能级(T_1)为 24213 cm^{-1},Tb^{3+}($^5D_4$) 和 Eu^{3+}($^5D_0$) 的共振能级分别为 20500 cm^{-1} 和 17200 cm^{-1}。可以发现,H_3BTC 的 T_1 与 Tb^{3+}($^5D_4$) 的共振能级之间的能量差为 3713 cm^{-1},与 Eu^{3+}($^5D_0$) 的共振能级之间的能量差为 7013 cm^{-1},表明 H_3BTC 到 Tb^{3+} 的能量转移比到 Eu^{3+} 更有效。

3.3 1,3,5-苯三甲酸/稀土基荧光水凝胶的防伪应用

荧光强、寿命长、日光下不可见这些优异的特性使得荧光水凝胶可应用于防伪。如图 3-10 所示，使用 $H_3BTC-Tb$ 水凝胶和 $H_3BTC-Eu$ 水凝胶作为荧光墨水可以绘制各种图案，这些图案在日光下无法识别，但在紫外光下可以识别。如图 3-10(a) 所示，在日光下，图案为白色，加密信息无法直接识别。而在紫外光下，可以清晰地看到一朵花，花朵为红色，由 $H_3BTC-Eu$ 书写，叶部和茎部为绿色，由 $H_3BTC-Tb$ 书写。结果表明，$H_3BTC-Ln$ 水凝胶可以直接作为荧光墨水用于防伪。此外，为了提高防伪水平，笔者设计了多级加密策略。如图 3-10(b) 所示，数字"2021"用 $H_3BTC-Tb$ 书写，其余部分用 $H_3BTC-Eu$ 书写，组成四个数字"8"。在日光下能看到 4 个数字"8"，而在紫外光下能清晰地看到真实信息"2021"。如图 3-10(c) 所示，"HELLO CHINA"通过字母乱序写成"HCEHLILNOA"，"HELLO"部分用 $H_3BTC-Tb$ 书写，"CHINA"部分用 $H_3BTC-Eu$ 书写。加密信息在日光下毫无意义。真实信息只能在紫外光下通过正确的方式调整字母的顺序来识别。此外，笔者利用 ASCII 二进制码设计了另一种防伪策略。如图 3-10(d) 所示，用 $H_3BTC-Tb$ 和 $H_3BTC-Eu$ 绘制双色微阵列，在日光下呈现白点。而在紫外光下，绿色发光点(0)和红色发光点(1)清晰可见。解密过程需要三个步骤。首先，在紫外光下显示出不同颜色的发光点。然后，将绿色发光点和红色发光点分别转化为数字"0"和"1"。最后，根据二进制代码转译成"HUST"。

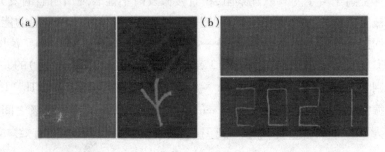

ASCII	字母
01001000	H
01010101	U
01010011	S
01010100	T

图 3 - 10　分别用 $H_3BTC - Eu$ 和 $H_3BTC - Tb$ 书写的(a)花朵、(b)数字"2021"、

(c)"HELLO CHINA"(信息通过字母乱序进行加密)以及(d)"HUST"

(信息通过 ASCII 二进制码进行加密)

　　笔者以"$H_3BTC - Tb$"为例,研究其稳定性。如图 3 - 11 所示,完整的"HUST"图案在不同条件(紫外光照射前后、不同湿度、不同有机溶剂)下,荧光强度均无明显变化。荧光墨水还可以使用毛笔在不同材质基底表面书写,如石英片、塑料和铝箔,如图 3 - 12 所示。

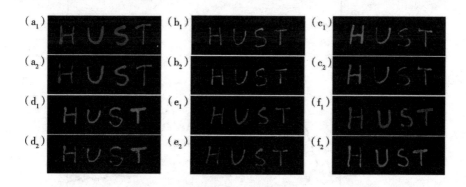

图 3 - 11　"HUST"经紫外光照射 12 h 前(a_1)和后(a_2)的照片;

"HUST"在不同湿度下放置 30 min 前(b_1,c_1)和后(b_2,c_2)的照片(b 为 16% ,

c 为 98%);"HUST"经不同溶剂处理 12 h 前(d_1,e_1,f_1)和后(d_2,e_2,f_2)的照片

(d 为石油醚,e 为乙醇,f 为 N,N - 二甲基甲酰胺)

图 3 - 12   使用不同荧光墨水在不同基底表面书写"HUST"的照片

（a 为石英片，b 为塑料，c 为铝箔，a_1、b_1 和 c_1 采用 $H_3BTC - Tb$ 书写，

a_2、b_2 和 c_2 采用 $H_3BTC - Eu$ 书写）

当 Tb^{3+} 与 Eu^{3+} 的物质的量比为 9:1 时，可以制备出黄色的荧光水凝胶。$H_3BTC - (Tb_{0.9}Eu_{0.1})$ 水凝胶的激发光谱如图 3 - 13 所示，对应的发射光谱如图 3 - 14(a) 所示。$H_3BTC - (Tb_{0.9}Eu_{0.1})$ 水凝胶在 300 nm 光激发下，可以观察到位于 542 nm 处 Tb^{3+} 的特征峰和位于 614 nm 处 Eu^{3+} 的特征峰。插图显示水凝胶在紫外光下呈黄色，与 CIE 色度图一致，如图 3 - 14(b) 所示。此外，具有黄色荧光的 $H_3BTC - (Tb_{0.9}Eu_{0.1})$ 水凝胶同样可以作为荧光墨水用于防伪，如图 3 - 14(c) 所示。

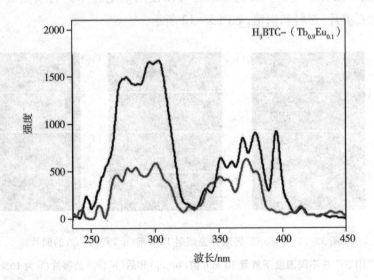

图 3 - 13 $H_3BTC - (Tb_{0.9}Eu_{0.1})$ 水凝胶的激发光谱

（$\lambda_{em} = 542$ nm，黑线；$\lambda_{em} = 614$ nm，红线）

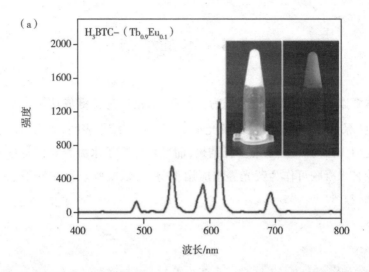

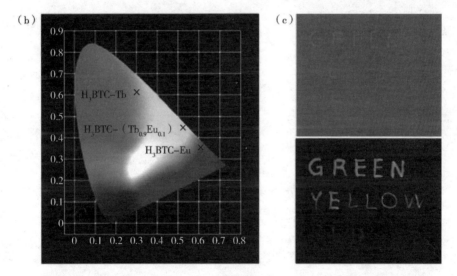

图 3 - 14 (a) $H_3BTC - (Tb_{0.9}Eu_{0.1})$ 水凝胶(λ_{ex} = 300 nm)的荧光发射光谱,

插图为 $H_3BTC - (Tb_{0.9}Eu_{0.1})$ 水凝胶在日光(左)和紫外光(右)下的照片;

(b) $H_3BTC - Tb$、$H_3BTC - (Tb_{0.9}Eu_{0.1})$ 和 $H_3BTC - Eu$ 的 CIE 色度图;

(c) $H_3BTC - Tb$、$H_3BTC - (Tb_{0.9}Eu_{0.1})$ 和 $H_3BTC - Eu$ 书写的图案

3.4　本章小结

本章以 H_3BTC 和稀土离子为构筑基元,借助配位键成功制备了不同发光颜色(绿色、红色和黄色)的荧光水凝胶。研究结果表明,稀土离子不仅可以促使 H_3BTC 组装成三维多孔结构,而且可以赋予水凝胶荧光特性。所制备的荧光水凝胶可作为荧光墨水应用于防伪,以凝胶态存在的墨水便于储存和携带。

第4章 1,2,4,5-苯四甲酸/稀土基荧光水凝胶的制备及防伪

本章以1,2,4,5-苯四甲酸(H_4BTC)为光敏配体,将其与Tb^{3+}和Eu^{3+}在室温下于水中进行配位组装,制备了绿色和红色荧光水凝胶。在此基础上通过调控Tb^{3+}与Eu^{3+}的物质的量比,获得了黄色、橙色等不同发光颜色的荧光水凝胶。所制备的H_4BTC/稀土基荧光水凝胶具有荧光强、寿命长、日光下不可见、稳定性好等优点,适合用作荧光防伪墨水,在多种材质基底表面绘制复杂的荧光防伪图案。荧光墨水以凝胶态存在,不使用有机溶剂,便于储存和携带。

4.1 1,2,4,5-苯四甲酸/稀土基荧光水凝胶的制备

4.1.1 实验试剂

本章所用试剂为H_4BTC(254.01 g·mol^{-1})、$Tb(NO_3)_3$·$5H_2O$(435.02 g·mol^{-1})和$Eu(NO_3)_3$·$6H_2O$(446.06 g·mol^{-1})。

4.1.2 表征方法

采用红外光谱(FT-IR)、X射线光电子能谱(XPS)、扫描电镜(SEM)、

紫外－可见光谱、荧光光谱对所制备的材料进行测试。

4.1.3 制备方法

制备 H_4BTC/稀土基荧光水凝胶，H_4BTC、氢氧化钠、稀土盐的物质的量比为 3：12：4，具体过程如下。

H_4BTC – Tb 水凝胶的制备：将 H_4BTC（0.15 mmol，0.038 g）和 NaOH（0.6 mmol，0.024 g）溶于 0.26 mL 水中，$Tb(NO_3)_3 \cdot 5H_2O$（0.2 mmol，0.087 g）溶于 0.04 mL 水中，待样品完全溶解后，边搅拌边将 $Tb(NO_3)_3$ 的溶液逐滴加入到 H_4BTC 的溶液中，即形成 H_4BTC – Tb 水凝胶。

H_4BTC – Eu 水凝胶的制备：将 H_4BTC（0.15 mmol，0.038 g）和 NaOH（0.6 mmol，0.024 g）溶于 0.26 mL 水中，$Eu(NO_3)_3 \cdot 6H_2O$（0.2 mmol，0.087 g）溶于 0.04 mL 水中，待样品完全溶解后，边搅拌边将 $Eu(NO_3)_3$ 的溶液逐滴加入到 H_4BTC 的溶液中，即形成 H_4BTC – Eu 水凝胶。

H_4BTC – Tb_xEu_y（x/y = 9/1，8/2，7/3，6/4，5/5，4/6，3/7，2/8，1/9）水凝胶的制备：将 H_4BTC（0.15 mmol，0.038 g）和 NaOH（0.6 mmol，0.024 g）溶于 0.26 mL 水中，$Tb(NO_3)_3 \cdot 5H_2O$ 与 $Eu(NO_3)_3 \cdot 6H_2O$ 溶于 0.04 mL 水中，待样品完全溶解后，边搅拌边将 $Tb(NO_3)_3$ 与 $Eu(NO_3)_3$ 的混合溶液逐滴加入到 H_4BTC 的溶液中，即形成 H_4BTC – Tb_xEu_y水凝胶。

4.2 1,2,4,5–苯四甲酸/稀土基荧光水凝胶的表征

4.2.1 1,2,4,5–苯四甲酸与稀土离子的成胶行为

首先将 H_4BTC 和 NaOH 溶于水中形成透明溶液，$Tb(NO_3)_3$ 溶于水中形成透明溶液，然后边搅拌边将 $Tb(NO_3)_3$ 的溶液逐滴加入到上述 H_4BTC 的溶液中，不透明的水凝胶立即形成，如图 4 – 1（a）所示。同等条件下，将 H_4BTC 与 $Eu(NO_3)_3$ 相混合，也形成了不透明的水凝胶，如图 4 – 1（b）所示。采用倒置法证明凝胶的形成。在同等条件下，单独的 H_4BTC 溶液、单独的

Tb(NO$_3$)$_3$溶液、单独的 Eu(NO$_3$)$_3$溶液均没有形成水凝胶(图4-2)。这表明,Tb(NO$_3$)$_3$或 Eu(NO$_3$)$_3$在 H$_4$BTC 成胶的过程中起着非常重要的作用。

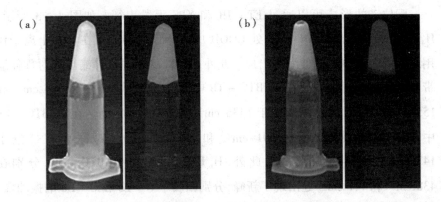

图4-1 (a)H$_4$BTC-Tb 水凝胶和(b)H$_4$BTC-Eu 水凝胶在日光(左)
和紫外光(右)下的照片

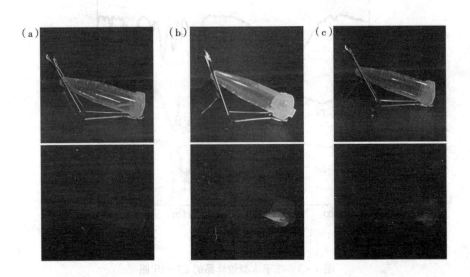

图4-2 (a)(H$_4$BTC + NaOH)水溶液、(b)Tb(NO$_3$)$_3$水溶液、(c)Eu(NO$_3$)$_3$水溶液
在日光(上)和紫外光(下)下的照片

4.2.2　1,2,4,5-苯四甲酸与稀土离子之间配位键的表征

配位键的形成可以通过 FT-IR 和 XPS 手段表征。如图4-3 所示，H_4BTC 分子中位于 1701 cm^{-1} 处 COOH 中 C≡O 的伸缩带在与稀土离子作用之后消失，COO^- 的伸缩带出现。此外，COO^- 的不对称伸缩带和对称伸缩带分别劈裂成两个峰。在 H_4BTC-Tb 中，不对称伸缩带位于1593 cm^{-1} 和 1557 cm^{-1} 处，对称伸缩带位于 1436 cm^{-1} 和 1395 cm^{-1} 处。在 H_4BTC-Eu 中，不对称伸缩带位于 1601 cm^{-1} 和 1555 cm^{-1} 处，对称伸缩带位于 1436 cm^{-1} 和 1402 cm^{-1} 处。此外，H_4BTC-Tb 和 H_4BTC-Eu 分别在 438 cm^{-1} 和 441 cm^{-1} 处出现了新峰，分别归属于 O—Tb 和 O—Eu 的振动峰。由此可知，H_4BTC 分子中的 COO^- 基团与 Tb^{3+} 和 Eu^{3+} 进行了配位。

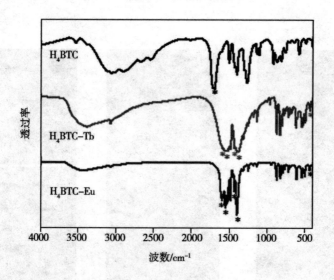

图4-3　冻干水凝胶样品的 FT-IR 图

如图4-4(a)所示，H_4BTC 在 533.11 eV 和 531.78 eV 处出现了两个特征峰，分别归属于 C—O 和 C≡O。然而，在与 $Tb(NO_3)_3$ 和 $Eu(NO_3)_3$ 作用之后，H_4BTC-Tb 和 H_4BTC-Eu 在 531.26 eV 和 531.12 eV 处分别出现了新峰，说明 O—Tb 和 O—Eu 配位键的形成，如图4-4(b)和图4-4(c)所

示。此结果与 FT－IR 结果一致,进一步说明了 H_4BTC 与稀土离子之间形成了配位键。

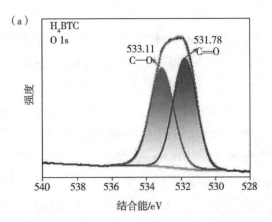

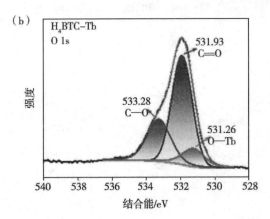

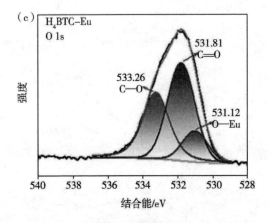

图 4 － 4　不同冻干水凝胶样品的 XPS 谱图

4.2.3 1,2,4,5-苯四甲酸/稀土基荧光水凝胶的荧光性质表征

笔者通过荧光光谱对所得荧光水凝胶的荧光性质进行表征。如图4-5所示,H_4BTC 在 310~390 nm 范围内展现了较宽的包峰,归属于 $\pi-\pi^*$ 跃迁。H_4BTC 与稀土离子复合之后,此峰发生了蓝移,说明二者之间产生了相互作用,如图4-6(a)和图4-6(c)所示。如图4-6(b)所示,在 284 nm 光激发下,$H_4BTC-Tb$ 水凝胶分别在 488 nm、544 nm、582nm 和618nm 处展现出了 4 个特征峰,分别对应于 $^5D_4\rightarrow{}^7F_6$、$^5D_4\rightarrow{}^7F_5$、$^5D_4\rightarrow{}^7F_4$ 和 $^5D_4\rightarrow{}^7F_3$ 跃迁。绿光发射主要来源于 $^5D_4\rightarrow{}^7F_5$ 跃迁。如图4-6(d)所示,在284 nm 光激发下,$H_4BTC-Eu$ 水凝胶分别在 590 nm、613 nm 和 689 nm 处出现了 3 个特征峰,分别对应于 $^5D_0\rightarrow{}^7F_1$、$^5D_0\rightarrow{}^7F_2$ 和 $^5D_0\rightarrow{}^7F_4$ 跃迁。红光发射主要来源于 $^5D_0\rightarrow{}^7F_2$ 跃迁。

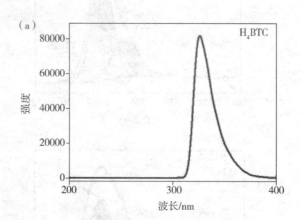

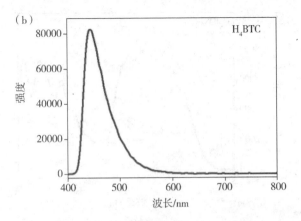

图4-5　(a)H₄BTC 的激发光谱(λ_{em} = 444 nm);

(b)H₄BTC 的荧光发射光谱(λ_{ex} = 326 nm)

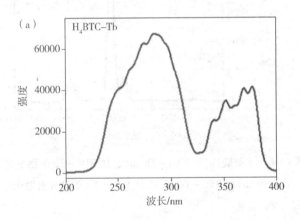

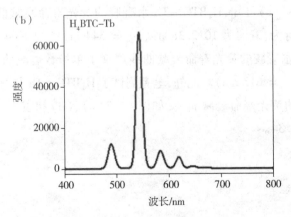

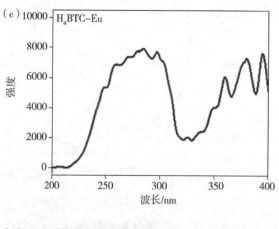

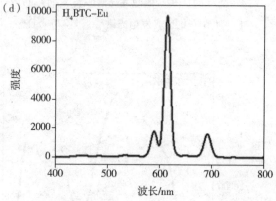

图 4 - 6　水凝胶(a)H_4BTC - Tb 和(c)H_4BTC - Eu 的激发光谱；
水凝胶(b)H_4BTC - Tb 和(d)H_4BTC - Eu 的荧光发射光谱

从图 4 - 7(a)可知,H_4BTC - Tb 水凝胶的荧光寿命衰减曲线表现出单指数衰减的行为,寿命为 1012.38 μs(λ_{em} = 544 nm)。如图 4 - 7(b)所示,H_4BTC - Eu 水凝胶的荧光寿命衰减曲线展现了单指数衰减的行为,寿命为 329.15 μs(λ_{em} = 613 nm)。此外,笔者测试了 H_4BTC - Tb 与 H_4BTC - Eu 在 D_2O 环境下的荧光寿命衰减曲线,如图 4 - 7(c)、(d)和表 4 - 1所示,q_{Tb} = 1.59,q_{Eu} = 2.34。

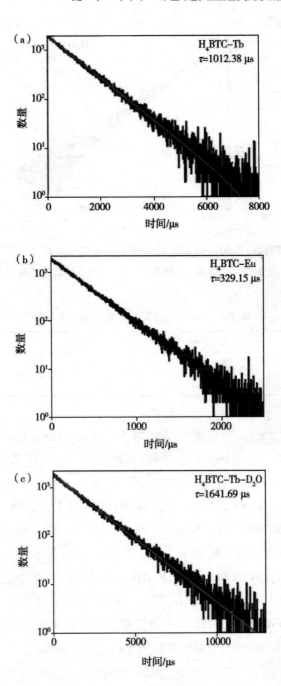

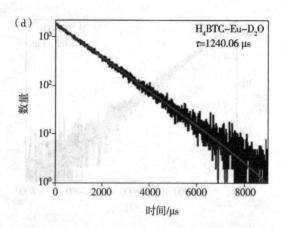

图 4 - 7　水凝胶(a) H_4BTC - Tb 和(b) H_4BTC - Eu 在 H_2O 环境下的荧光寿命衰减曲线;水凝胶(c) H_4BTC - Tb 和(d) H_4BTC - Eu 在 D_2O 环境下的荧光寿命衰减曲线

表 4 - 1　H_4BTC - Tb 和 H_4BTC - Eu 的荧光寿命和配位水数目

复合物	τ_{H_2O}/ms	τ_{D_2O}/ms	q_{Ln}
H_4BTC - Tb	1.01238	1.64169	1.59
H_4BTC - Eu	0.32915	1.24006	2.34

　　正如预期的那样,通过调节 Tb^{3+} 与 Eu^{3+} 的物质的量比,可以获得具有不同发射颜色的 Asp - Tb_xEu_y 水凝胶,如图 4 - 8(a)所示,并且这些水凝胶在放置一个月后仍具有较好的稳定性,如图 4 - 8(b)所示。H_4BTC - Tb_8Eu_2 的激发光谱如图 4 - 9(a)所示。在 284 nm 光激发下,H_4BTC - Tb_xEu_y 水凝胶对应的发射光谱如图 4 - 9(b)所示。在 Tb - Eu 共掺杂的水凝胶中,在 544 nm 处检测到 Tb^{3+}($^5D_4 \rightarrow ^7F_5$)的特征峰,在 613 nm 处检测到 Eu^{3+}($^5D_0 \rightarrow ^7F_2$)的特征峰。此外,H_4BTC - Tb_xEu_y 粉末的发射颜色与 CIE 色度图一致,如图4 - 9(c)所示。H_4BTC - Tb_xEu_y 水凝胶对应的荧光寿命衰减曲线如图4 - 9(d)所示,对应的寿命值见表 4 - 2,从表中可以看出,随着 Eu^{3+} 物质的量比的增加,能量转移效率 $\eta_{Tb \rightarrow Eu}$ 逐渐增加。

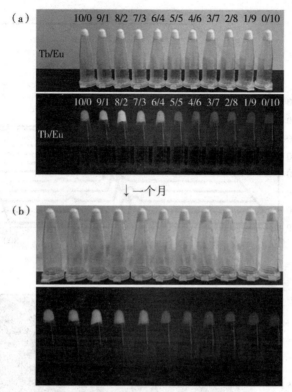

图 4－8　$H_4BTC-Tb_xEu_y$水凝胶(a)在日光(上)和紫外光(下)下的照片；
(b)放置一个月后对应的照片

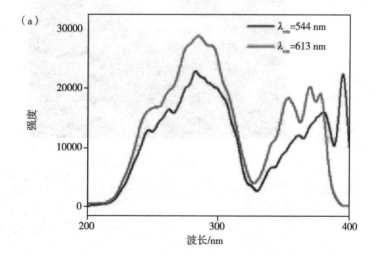

（b）

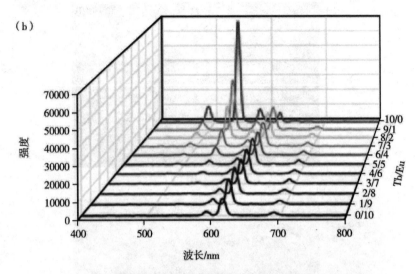

（c）

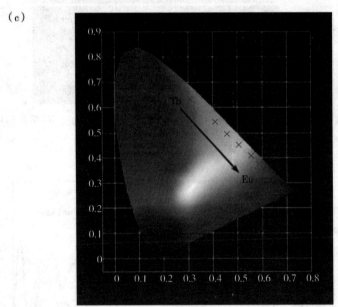

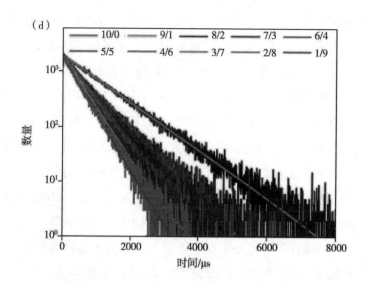

图4-9 （a）$H_4BTC-Tb_8Eu_2$水凝胶的激发光谱；（b）$H_4BTC-Tb_xEu_y$
水凝胶的荧光发射光谱；（c）$H_4BTC-Tb_xEu_y$水凝胶的 CIE 色度图；
（d）$H_4BTC-Tb_xEu_y$水凝胶的荧光寿命衰减曲线

表4-2 $H_4BTC-Tb_xEu_y$水凝胶的荧光寿命以及对应的能量转移效率

物质的量比	10/0	9/1	8/2	7/3	6/4	5/5	4/6	3/7	2/8	1/9
$\tau/\mu s$	1008.02	668.85	644.37	589.09	557.28	518.93	491.61	468.63	466.04	418.79
$\eta_{Tb \to Eu}/\%$	—	33.65	36.08	41.56	44.72	48.52	51.23	53.51	53.77	58.45

4.3 1,2,4,5-苯四甲酸/稀土基荧光水凝胶的防伪应用

如图4-10所示，使用$H_4BTC-Tb_xEu_y$水凝胶作为荧光墨水可以绘制各种图案，这些图案在日光下无法识别，但在紫外光下可以识别。如图4-10（a）所示，首先用$H_4BTC-Tb$画出杯子的主体部分，然后用$H_4BTC-Eu$画出杯子的把手，两部分形成一个完整的杯子形状。如图4-10（b）所示，字母

"S"由 $H_4BTC-Tb$、$H_4BTC-Tb_8Eu_2$ 以及 $H_4BTC-Eu$ 进行绘制,该图案只有在紫外光下才能观察到。如图 4-10(c)所示,交通信号灯由 $H_4BTC-Eu$、$H_4BTC-Tb_8Eu_2$ 以及 $H_4BTC-Tb$ 进行绘制,该图案只有在紫外光下才能观察到。图 4-10(d)所示的风扇、图 4-11(e)所示的树以及图 4-10(f)所示的"I ♡ HD"均由 $H_4BTC-Tb$、$H_4BTC-Eu$、$H_4BTC-Tb_8Eu_2$ 以及 $H_4BTC-Tb_4Eu_6$ 进行绘制,这些图案只有在紫外光下才能观察到。上述结果表明,$H_4BTC-Tb_xEu_y$ 可以作为荧光墨水用于信息加密。为了使加密的信息更安全,笔者设计了需要多步解密的策略。如图 4-10(g)所示,"SEICUNRIKTY"中"SECURITY"由 $H_4BTC-Tb$ 书写,"INK"由 $H_4BTC-Eu$ 书写。这些信息在日光下是看不见的,在紫外光下也毫无意义。真实信息只能在紫外光下通过正确地调整字母的顺序来识别。同样,如图 4-10(h)所示,"BMISMIDDAGLELL"中"BIG"由 $H_4BTC-Eu$ 书写,"MIDDLE"由 $H_4BTC-Tb_8Eu_2$ 书写,"SMALL"由 $H_4BTC-Tb$ 书写。加密信息在日光下是看不见的,在紫外光下也毫无意义。真实信息只能在紫外光下通过正确地调整字母的顺序来识别。此外,笔者借助摩尔斯电码设计了一种防伪策略。如图 4-10(i)所示,误导性信息"Y"隐藏了真实信息"TEM"。真实信息只能按照颜色去解密,绿色代表"T",黄色代表"E",红色代表"M",才能得到真实信息"TEM"。进一步利用 ASCII 二进制码设计了另一种防伪策略。如图 4-10(j)所示,用 $H_4BTC-Tb$ 和 $H_4BTC-Eu$ 绘制双色微阵列,在日光下呈现白点,而在紫外光下,绿色发光点(0)和红色发光点(1)清晰可见。解密过程需要三个步骤。首先,在紫外光下显示出不同颜色的发光点。然后,将绿色发光点和红色发光点分别转化为数字"0"和"1"。最后,根据二进制代码转译成"2023"。上述各种方法中加密策略的设计可使得加密后的信息更加安全。

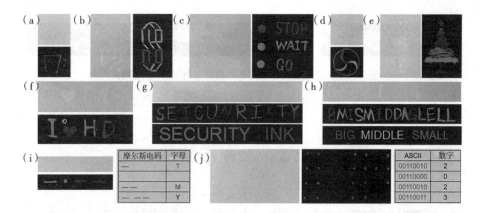

图 4-10 采用不同的荧光墨水绘制的(a)杯子、(b)字母"S"、(c)交通信号灯、(d)风扇、(e)树、(f)"I ♡ HD"、(g)"SEICUNRIKTY"(通过字母乱序加密进行加密)、(h)"BMISMIDDAGLELL"(通过字母乱序加密进行加密)、(i)"TEM"(借助摩尔斯电码用误导性信息"Y"隐藏真实信息)、(j)信息"2023"(通过 ASCII 二进制码进行加密)

笔者以 $H_4BTC-Tb$ 为例,研究其稳定性。如图 4-11 所示,完整的"TEXT"图案在不同条件(紫外光照射、不同湿度、不同有机溶剂)下,荧光强度均无明显变化。荧光墨水还可以使用毛笔在不同材质基底表面书写,如称量纸、铁片和陶瓷,如图 4-12 所示。

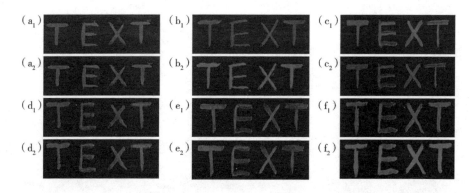

图 4-11 "TEXT"经紫外光照射 12 h 前(a_1)和后(a_2)的照片;"TEXT"在不同湿度下放置 30 min 前(b_1,c_1)和后(b_2,c_2)的照片(b 为 16%,c 为 98%);"TEXT"在不同溶剂中浸泡 24 h 前(d_1,e_1,f_1)和后(d_2,e_2,f_2)的照片(d 为石油醚,e 为乙醇,f 为 N,N-二甲基甲酰胺)

图 4 - 12　荧光墨水在不同基底表面书写"NOTE"的照片
(a)称量纸;(b)铁片;(c)陶瓷

4.4　本章小结

本章以 H_4BTC 和稀土离子为构筑基元,借助配位键成功制备了绿色、红色、黄色、橙色的荧光水凝胶。研究结果表明,稀土离子可以赋予水凝胶荧光特性。所制备的荧光水凝胶可直接作为荧光墨水应用于防伪,以凝胶态存在的墨水便于储存和携带。

第5章　聚乙烯醇/稀土基荧光水凝胶的可逆荧光开关及防伪

在众多已知的有机配体中,2,6－吡啶二羧酸(PDA)是敏化稀土离子发光的有效配体之一,这是由于 PDA 的三重态高于 Eu^{3+} 的共振能级。本章选取 PDA 作为敏化配体,通过取代位于 Eu^{3+} 配位层上的水分子,制备出荧光强、寿命长的荧光配合物 $Eu(PDA)_3$。另外,由于聚乙烯醇(PVA)水溶性好、生物相容性好且具有自修复特性及成胶能力,因此将稀土配合物 $Eu(PDA)_3$ 引入 PVA 凝胶基质中,借助循环冷冻－解冻法可以获得具有自修复特性的荧光水凝胶。而且,PDA 与 Eu^{3+} 之间的配位强度可以通过 pH 值或金属离子来调节。该荧光水凝胶在 HCl/NH_3 或 $Fe^{3+}/EDTA^{2-}$ 的刺激下能够产生可逆的荧光开关效应。可进一步以 H^+ 和 Fe^{3+} 为墨水,NH_3 和 $EDTA^{2-}$ 为擦除剂,在荧光水凝胶表面按要求绘制不同的荧光图案,使聚乙烯醇/稀土基荧光凝胶成为信息可逆存储与擦除的理想材料。此外,双重刺激响应特性的结合有利于提高信息的安全性。

5.1　聚乙烯醇/稀土基荧光水凝胶的制备

5.1.1　实验试剂

本章所使用试剂为 $Eu(NO_3)_3 \cdot 6H_2O$(446.06 $g \cdot mol^{-1}$)、PDA

$(167.12 \ g \cdot mol^{-1})$、PVA$(22000 \ g \cdot mol^{-1})$。

5.1.2 表征方法

采用红外光谱(FT - IR)仪、元素分析(EA)仪、热重分析(TGA)仪、紫外 - 可见吸收光谱(UV - Vis)仪、扫描电镜(SEM)、流变仪、X 射线衍射(XRD)仪、荧光光谱仪对所制备的材料进行测试。

5.1.3 稀土配合物的合成

稀土配合物 $Eu(PDA)_3$ 是根据文献方法所制备的。首先将 0.45 g $Eu(NO_3)_3 \cdot 6H_2O$ 和 0.50 g PDA 分别溶于 20 mL 水中,将其分别在 95 ℃下搅拌 0.5 h 得到澄清透明溶液。然后将 $Eu(NO_3)_3$ 的热溶液加入到 PDA 的热溶液中,进一步将混合溶液在 110 ℃下继续搅拌直至溶液体积减少到 5 mL,最后将所得产物过滤、水洗 3 次后干燥。

5.1.4 制备方法

PVA 基水凝胶是采用反复冷冻 - 解冻法来制备的。首先将 0.38 g PVA 置于 0.75 mL 水中,在 95 ℃下搅拌将其溶解。将 3.15 mg $Eu(PDA)_3$ 溶于 45 μL DMSO 中。然后将 $Eu(PDA)_3$ 的溶液加入到 PVA 的溶液中混匀。最后将得到的混合溶液在 -20 ℃下冷冻 24 h,取出后在 25 ℃下解冻 0.5 h,冷冻 - 解冻循环 3 次,得到 PVA/$Eu(PDA)_3$ 水凝胶。

5.2 聚乙烯醇/稀土基荧光水凝胶的表征

5.2.1 稀土配合物的表征

通过 EA、TGA 以及 XRD 等手段对稀土配合物 $Eu(PDA)_3$ 进行表征。

EA 实验结果为 C,37.26% ;H,2.03% ;N,6.21% 。理论值为 C,37.24% ;H,
2.23% ;N,6.20% 。结合 TGA 结果可知,Eu(PDA)$_3$ 配合物的分子式为
Eu(C$_7$H$_4$NO$_4$)$_3$·1.5H$_2$O,如图 5-1(a)所示。此外,XRD 结果与文献中单
晶结构拟合结果一致,表明稀土配合物 Eu(PDA)$_3$ 已成功制备,如图5-1(b)
所示。

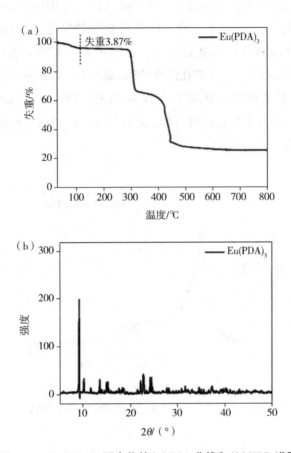

图 5-1　Eu(PDA)$_3$ 配合物的(a)TGA 曲线和(b)XRD 谱图

5.2.2 聚乙烯醇/稀土基荧光水凝胶的表征

PVA/Eu(PDA)₃水凝胶是采用反复冷冻–解冻的方法制备的,微晶在PVA水凝胶中起着物理交联的作用,以保持PVA水凝胶的网络结构。如图5-2所示,样品在19.6°处出现了一个尖峰,对应于($10\overline{1}$)晶面的衍射峰,表明存在微晶,这与文献结果一致。计算得知晶粒尺寸为0.028 nm。通过SEM对PVA/Eu(PDA)₃水凝胶的结构进行了表征。结果表明,冻干后的PVA/Eu(PDA)₃形成了三维多孔网络结构,如图5-3(a)所示,可以用于封装溶剂分子。流变数据表明,在整个频率范围内,PVA/Eu(PDA)₃水凝胶的储能模量(G')都大于损耗模量(G''),说明PVA/Eu(PDA)₃水凝胶具有类固态特点,如图5-3(b)所示。

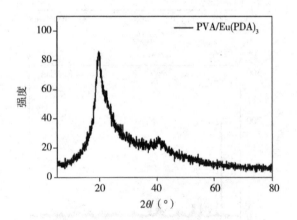

图5-2 PVA/Eu(PDA)₃水凝胶粉末 XRD 谱图

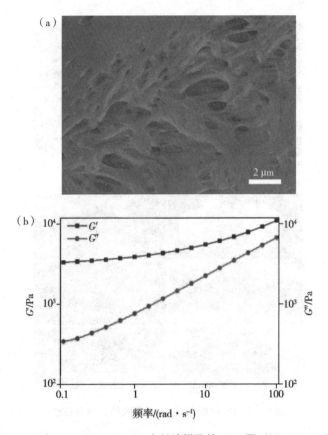

图 5 - 3　(a) 冻干 PVA/Eu(PDA)$_3$ 水凝胶样品的 SEM 图;(b) PVA/Eu(PDA)$_3$
水凝胶的储能模量和损耗模量随频率变化的曲线

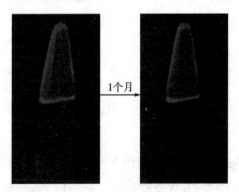

图 5 - 4　PVA/Eu(PDA)$_3$ 水凝胶放置 1 个月前后的照片

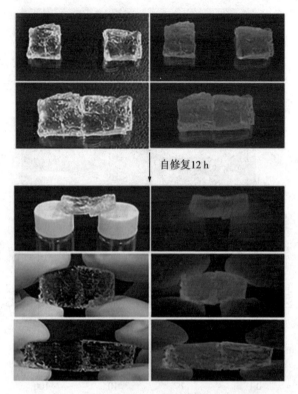

自修复12 h

图 5 - 5   PVA/Eu(PDA)₃水凝胶的自修复性能

　　此外,PVA/Eu(PDA)₃水凝胶在放置 1 个月后仍表现出良好的稳定性(图 5 - 4),不需要外界刺激的情况下,该水凝胶在室温条件下展现出良好的自修复性能(图 5 - 5)。该自修复性能可能主要来源于 PVA 形成的氢键。

5.3   聚乙烯醇/稀土基荧光水凝胶的可逆荧光开关

　　PVA/Eu(PDA)₃的激发光谱如图 5 - 6(a)所示。如图 5 - 6(b)所示,PVA/Eu(PDA)₃和 PVA/Eu 水凝胶在 593 nm、618 nm 和 694 nm 处有 3 个特征峰,分别归属于$^5D_0{\rightarrow}^7F_1$、$^5D_0{\rightarrow}^7F_2$ 和$^5D_0{\rightarrow}^7F_4$ 跃迁。红光主要来自于$^5D_0{\rightarrow}^7F_2$跃迁。从图 5 - 6(b ~ d)可知,PVA/Eu(PDA)₃水凝胶的荧光强度

高于 PVA/Eu 水凝胶,相应的照片也表明 PVA/Eu(PDA)₃水凝胶的荧光强
度高于 PVA/Eu 水凝胶,这说明 PDA 可以有效敏化 Eu³⁺的发光。

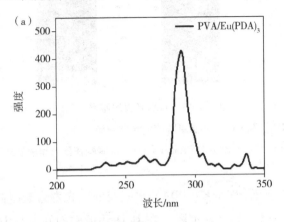

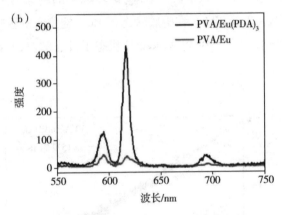

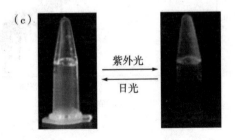

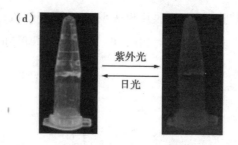

图 5 - 6　（a）PVA/Eu(PDA)₃水凝胶的激发光谱(λ_{em} = 618 nm)；
（b）PVA/Eu(PDA)₃和 PVA/Eu 水凝胶的荧光发射光谱(λ_{ex} = 290 nm，λ_{ex} = 394 nm)；
（c）PVA/Eu(PDA)₃水凝胶和（d）PVA/Eu 水凝胶在日光和紫外光下的照片

如图 5 - 7 所示，PVA/Eu(PDA)₃水凝胶的荧光寿命衰减曲线表现为单指数行为。PVA/Eu(PDA)₃水凝胶在 H_2O 环境中的寿命与 D_2O 环境中相似，计算可得 PVA/Eu(PDA)₃在凝胶状态下 Eu^{3+} 配位水的数量 q_{Eu} = 0.01，证实了 Eu(PDA)₃配合物在 PVA 水凝胶状态下没有解离，且阻碍了水分子对稀土离子的淬灭。

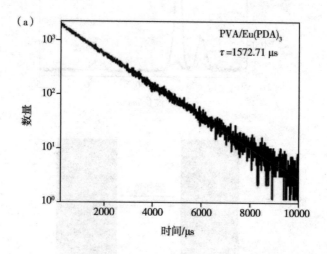

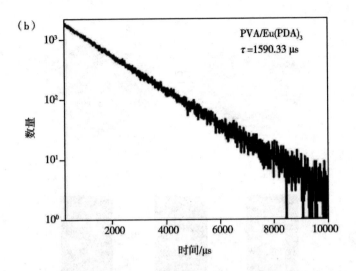

图 5 – 7　PVA/Eu(PDA)₃水凝胶在(a)H₂O 和(b)D₂O 环境下的荧光寿命衰减曲线

　　此外,PVA/Eu(PDA)₃水凝胶的荧光强度可以通过改变 pH 值或添加金属离子来调节。如图 5 – 8 所示,笔者测试了 PVA/Eu(PDA)₃水凝胶对 HCl/NH₃的荧光响应特性。由图 5 – 8(c)可知,PVA/Eu(PDA)₃水凝胶的荧光强度随着 HCl 浓度的增大而减弱,这是由于 HCl 的加入,PDA 中的羧基和氨基被质子化,与稀土离子之间的配位键发生解离,天线效应消失,进而导致稀土离子的荧光发生淬灭。在上述体系中加入 NH₃后,PVA/Eu(PDA)₃水凝胶的荧光强度恢复,这源于天线效应的恢复,如图 5 – 8(d)所示。在紫外光下,肉眼同样可以清楚地看到其荧光强度的变化,如图 5 – 8(b)所示。此外,笔者对荧光开关效应进行了 3 个循环测试,如图 5 – 8(e)所示,结果表明 PVA/Eu(PDA)₃水凝胶在 HCl/NH₃刺激下具有良好的可逆性。3 次循环后荧光强度略有下降,这可能是添加 HCl/NH₃后 PVA/Eu(PDA)₃水凝胶被稀释所致。如图 5 – 9 所示,由于天线效应消失,PVA/Eu(PDA)₃水凝胶经 HCl 处理后寿命大大缩短。加入 NH₃后,天线效应恢复,PVA/Eu(PDA)₃水凝胶的寿命恢复。

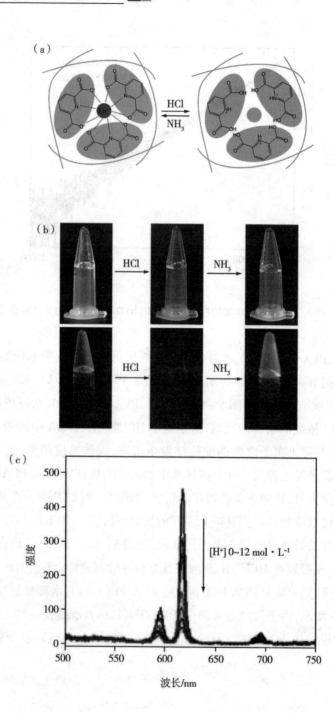

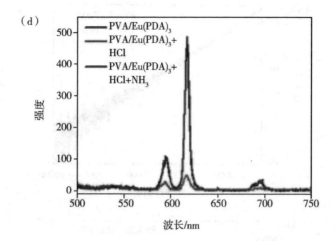

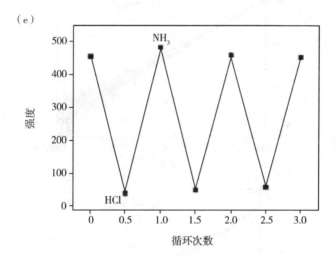

图 5 – 8　(a)PVA/Eu(PDA)₃水凝胶对 HCl/NH₃的可逆响应示意图；
(b)PVA/Eu(PDA)₃水凝胶在日光(上)和紫外光(下)下对 HCl/NH₃刺激响应的
荧光开关行为的照片；(c)PVA/Eu(PDA)₃对 HCl 浓度的依赖曲线(0 mol · L⁻¹、
2 mol · L⁻¹、4 mol · L⁻¹、6 mol · L⁻¹、8 mol · L⁻¹、10 mol · L⁻¹、12 mol · L⁻¹)；
(d)PVA/Eu(PDA)₃ 水凝胶对 HCl/NH₃刺激响应的荧光发射光谱；
(e)PVA/Eu(PDA)₃水凝胶对 HCl/NH₃刺激的循环响应

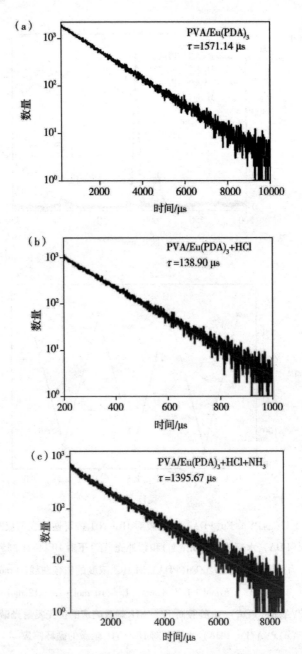

图5-9 PVA/Eu(PDA)₃水凝胶在 HCl/NH₃刺激下的荧光寿命衰减曲线

除了通过 pH 值来调控 PDA 与 Eu^{3+} 的配位强度外,还可以用金属离子来调节 PDA 与 Eu^{3+} 之间的相互作用。如图 5 - 10 所示，与空白样品相比，Fe^{3+} 的加入使 PVA/Eu(PDA)$_3$ 水凝胶的荧光发生了明显的淬灭，而其他水凝胶的荧光强度没有明显变化。这可能是由于 Fe^{3+} 比 Eu^{3+} 能提供更多的空道来接受 PDA 的电子，Fe^{3+} 和 Eu^{3+} 与 PDA 之间的竞争减弱了 PDA 与 Eu^{3+} 之间的天线效应，使得 PVA/Eu(PDA)$_3$ 水凝胶的荧光发生明显淬灭。

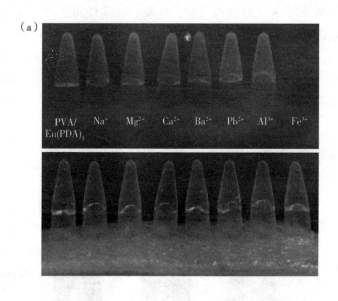

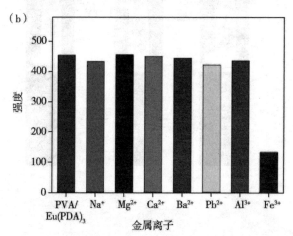

图 5 - 10 （a）PVA/Eu(PDA)$_3$ 水凝胶在日光（下）和紫外光（上）下对不同金属离子响应的照片；（b）PVA/Eu(PDA)$_3$ 水凝胶对不同金属离子的荧光响应

此外,笔者还讨论了 Fe^{3+} 用量对 $PVA/Eu(PDA)_3$ 水凝胶荧光的影响。结果表明,随着 Fe^{3+} 浓度的增加,$PVA/Eu(PDA)_3$ 水凝胶的荧光强度逐渐降低(图 5 – 11)。基于 $EDTA^{2-}$ 与 Fe^{3+} 之间的螯合作用,如图 5 – 11(a)和图 5 – 11(d)所示,$PVA/Eu(PDA)_3$ 水凝胶对 Fe^{3+} 的荧光响应是可逆的,通过添加 $EDTA^{2-}$,PDA 与 Eu^{3+} 之间的配位得到恢复,天线效应进而恢复。由于加入溶液的稀释作用,荧光强度没有完全恢复。在紫外光下,肉眼可以清楚地看到荧光强度的变化,如图 5 – 11(b)所示。笔者对荧光开关效应进行了 3 个循环测试,如图 5 – 11(e)所示,尽管荧光强度有所下降,但 $PVA/Eu(PDA)_3$ 水凝胶的荧光开关效应在 $Fe^{3+}/EDTA^{2-}$ 刺激下仍是可逆的。

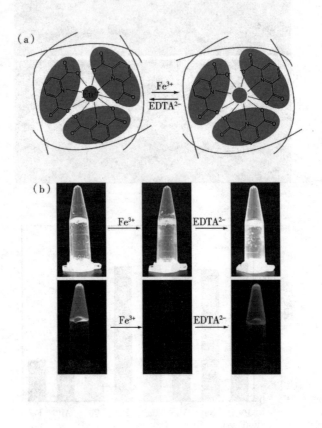

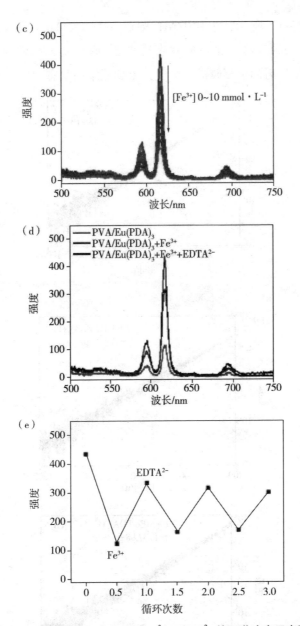

图 5 - 11　（a）PVA/Eu（PDA）$_3$ 水凝胶对 Fe^{3+}/$EDTA^{2-}$ 的可逆响应示意图；（b）PVA/Eu（PDA）$_3$ 水凝胶在日光（上）和紫外光（下）下对 Fe^{3+}/$EDTA^{2-}$ 刺激响应的荧光开关的照片；（c）PVA/Eu（PDA）$_3$ 对 Fe^{3+} 浓度的依赖曲线（0 mmol · L^{-1}、1.1 mmol · L^{-1}、2.2 mmol · L^{-1}、3.3 mmol · L^{-1}、4.4 mmol · L^{-1}、5.5 mmol · L^{-1}、6.6 mmol · L^{-1}、7.7 mmol · L^{-1}、8.8 mmol · L^{-1}、10 mmol · L^{-1}）；（d）PVA/Eu（PDA）$_3$ 水凝胶对 Fe^{3+}/$EDTA^{2-}$ 刺激响应的荧光发射光谱；（e）PVA/Eu（PDA）$_3$ 水凝胶对 Fe^{3+}/$EDTA^{2-}$ 刺激的循环响应

如图 5 – 12 所示,与 HCl/NH$_3$ 刺激一样,经 Fe^{3+} 处理后,PVA/Eu(PDA)$_3$ 水凝胶的寿命也比初始状态短得多,原因是天线效应减弱。添加 EDTA^{2-} 后,恢复后的水凝胶的寿命也恢复到原来的状态。

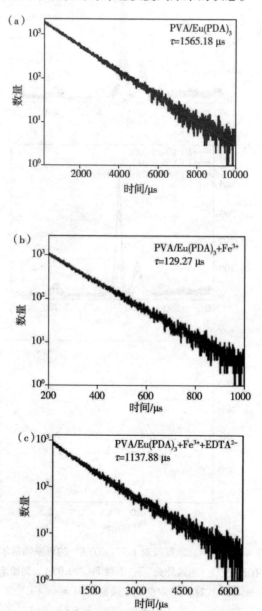

图 5 – 12　PVA/Eu(PDA)$_3$ 水凝胶在 Fe^{3+}/EDTA^{2-} 刺激下的荧光寿命衰减曲线

5.4 聚乙烯醇/稀土基荧光水凝胶的防伪应用

如图 5-13(a)所示,PVA/Eu(PDA)$_3$水凝胶在日光下无色透明并且具有显著的荧光开关效应。受此启发,笔者以 HCl 或 Fe^{3+} 为墨水,NH$_3$ 或 EDTA^{2-} 为擦除剂,将 PVA/Eu(PDA)$_3$水凝胶功能化为可重写的信息载体用于防伪。以 HCl 或 Fe^{3+} 为墨水,用毛笔分别在 PVA/Eu(PDA)$_3$水凝胶上书写"123"与"RED",如图 5-13(b)和图 5-13(c)所示,一周后图案仍清晰可见(图 5-14)。值得注意的是,以上隐藏的信息只有在紫外光下才能被识别,这对于保护机密信息是有效的。

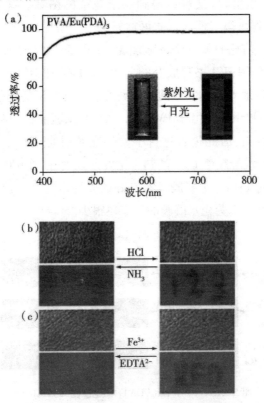

图 5-13 (a)PVA/Eu(PDA)$_3$水凝胶的透过率,插图为 PVA/Eu(PDA)$_3$水凝胶的照片;PVA/Eu(PDA)$_3$水凝胶在(b)HCl/NH$_3$和(c)Fe^{3+}/EDTA^{2-}刺激下进行荧光图案的书写与擦除

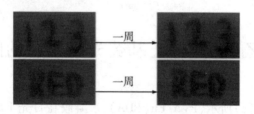

图 5 - 14　放置一周后的荧光图案

如图 5 - 15(a)所示,以 HCl 为墨水在 PVA/Eu(PDA)$_3$水凝胶上书写的 "HLJU"用 NH$_3$擦除后,再用 HCl 仍可以成功画出小船图案,这表明通过 HCl/NH$_3$刺激可以实现信息的可重复擦写。同样,如图 5 - 15(b)所示,以 Fe^{3+}为墨水,在 PVA/Eu(PDA)$_3$水凝胶表面书写的"GEL",经过 EDTA^{2-}处理后,通过进一步书写,又可以得到一个花朵的图案。这表明通过 Fe^{3+}/EDTA^{2-}刺激同样可以实现信息的可重复擦写。循环性能测试进一步表明,该水凝胶可用于信息的可逆存储与擦除。如图 5 - 15(c)所示,用 Fe^{3+}书写 "666",其他部分用 HCl 书写成"888"。由于 Fe^{3+}和 HCl 的淬灭作用,在紫外光下可以清晰地看到"888"的误导性信息,而真正的信息"666"只有用 NH$_3$解密后才能被识别。由于 PVA/Eu(PDA)$_3$水凝胶的光稳定性对实际应用具有重要的意义,因此笔者进行了紫外光照射实验。如图 5 - 16 所示,PVA/Eu(PDA)$_3$水凝胶中 Eu^{3+}的归一化发射强度在 12 h 内没有明显变化,这说明 PVA/Eu(PDA)$_3$水凝胶具有良好的光稳定性。目前,用于信息可逆存储与擦除的稀土基荧光水凝胶的报道还很少。

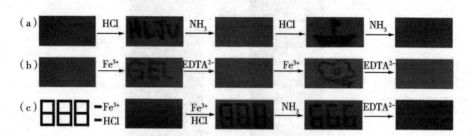

图 5 - 15　PVA/Eu(PDA)$_3$水凝胶在(a)HCl/NH$_3$
和(b)Fe^{3+}/EDTA^{2-}刺激下信息的可重复擦写;
(c)采用误导信息"888"隐藏真实信息"666"

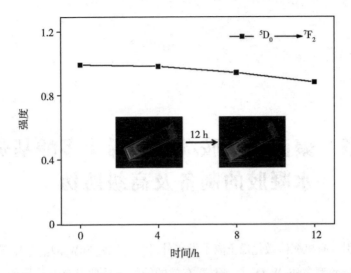

图 5 – 16　PVA/Eu(PDA)$_3$水凝胶经过不同光照时间的荧光发射强度的归一化
曲线(λ_{ex} = 290 nm),插图为 PVA/Eu(PDA)$_3$水凝胶经紫外光照射 12 h 前后的照片

5.5　本章小结

　　本章将稀土配合物引入 PVA 凝胶基质中成功地制备了稀土基荧光水凝
胶。该水凝胶对 HCl/NH$_3$ 和 Fe^{3+}/EDTA^{2-} 均表现出可逆的荧光开关效应,
这源于 pH 值与金属离子对 PDA 与 Eu^{3+} 之间的动态配位键的可逆调控。进
一步以 HCl 或 Fe^{3+} 为墨水,NH$_3$ 或 EDTA^{2-} 为擦除剂,实现了信息的可逆存
储与擦除,双重刺激响应性的结合提高了信息的安全性。该水凝胶在荧光
传感、安全信息存储和防伪领域具有潜在的应用价值。

第6章 聚丙烯酰胺/明胶/稀土多酸基荧光水凝胶的制备及高级防伪

除了引入有机配体敏化稀土离子发光外,稀土多酸[$EuW_{10}O_{36}$]$^{9-}$中Eu^{3+}与两个Lindqvist型多酸[W_5O_{18}]$^{6-}$配位,有效的能量转移使其具有优异的荧光性能。这主要归因于O→W LMCT将能量高效地从金属电荷转移态转移到Eu^{3+}激发态。此外,稀土多酸还具有负电荷,可以与带正电荷的明胶通过静电作用复合。本章通过明胶与稀土多酸的静电复合,再将其与聚丙烯酰胺进行缔合,制备了兼具自修复与形状记忆功能的刺激响应性荧光水凝胶。

6.1 聚丙烯酰胺/明胶/稀土多酸基荧光水凝胶的制备

6.1.1 实验试剂

本章所使用的试剂为明胶(Gelatin)、丙烯酰胺(AAm)、N,N′-亚甲基双丙烯酰胺(MBA)、过硫酸钾(KPS)、四甲基乙二胺(TMEDA)、硝酸铕、乙酸和钨酸钠。

6.1.2 表征方法

采用红外光谱(FT-IR)、热重分析(TGA)、紫外-可见光谱(UV-vis)、扫描电子显微镜(SEM)、拉伸试验机、流变仪、荧光光谱等对制备的材料进行测试。采用甲基噻唑基四唑（MTT）法测定 HeLa 细胞的细胞活力。将 HeLa 细胞接种于 96 孔板中，并在 MTT 实验前进行培养。然后将尺寸为 1 mm × 3 mm × 3 mm 的水凝胶加入到 pH = 7.4 的无菌磷酸盐缓冲溶液 （PBS）中分别浸泡 6 h、12 h、18 h、24 h。然后将浸出液与细胞培养 24 h 进行测试。

6.1.3　制备方法

根据文献制备 $Na_9EuW_{10}O_{36} \cdot 21H_2O$（简称 EuW_{10}）。首先将 $Na_2WO_4 \cdot 2H_2O$（8.3 g）和 $Eu(NO_3)_3 \cdot 6H_2O$（1.1 g）分别溶解于 20 mL 和 2 mL 水中。然后通过 CH_3OOH 将 $Na_2WO_4 \cdot 2H_2O$ 溶液的 pH 值调至 7.0～7.5。随后，在 80～90 ℃下边搅拌边将 $Eu(NO_3)_3 \cdot 6H_2O$ 水溶液滴加到上述溶液中。将溶液冷却至室温后过滤、干燥，最终得到无色的晶体。如图 6－1（a）所示，EuW_{10} 展现了 4 个特征峰，942 cm^{-1} 处归属于 $\nu(W \!=\! O_d)$，843 cm^{-1} 处归属于 $\nu(W-O_b-W)$，787 cm^{-1} 和 709 cm^{-1} 处归属于 $\nu(W-O_c-W)$。如图 6－1 （b）所示，TGA 曲线表明加热到 350 ℃后质量减少了 11.9%，这归因于 21 个水分子的损失。以上结果表明，稀土多酸 EuW_{10} 已成功合成。

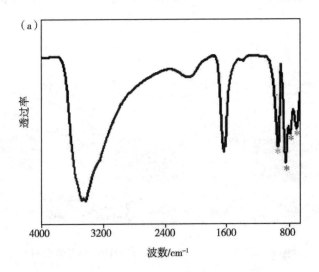

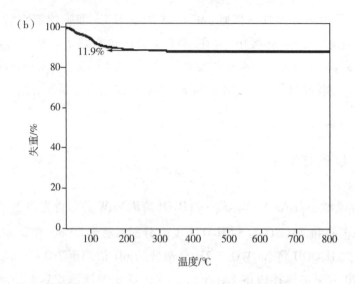

图 6-1　EuW$_{10}$的(a)FT-IR 和(b)TGA 曲线

　　水凝胶的制备:首先,将明胶溶解在水中,在加热与剧烈搅拌下得到淡黄色透明溶液。随后,在剧烈搅拌下加入 EuW$_{10}$并混匀。然后依次加入AAm、MBA、KPS 和 TMEDA,在 15 s 内将烧杯中的混合溶液注入模具中,该模具由两块玻璃板和 2 mm 厚的硅胶垫片组成封闭空间,并在 60 ℃烘箱中放置 2 h 加热聚合(图 6-2)。不同组成的水凝胶的详细用量见表 6-1。

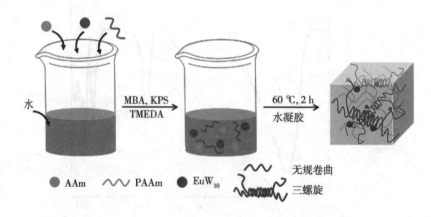

图 6-2　PAAm/Gelatin/EuW$_{10}$水凝胶的制备流程图

表 6 - 1　PAAm/Gelatin/EuW$_{10}$水凝胶的详细用量

样品	H$_2$O/ mL	AAm/ mmol	Gelatin /g	MBA/ mmol	EuW$_{10}$ /g	KPS/ mmol	TMEDA/ mmol
PAAm$_1$/Gelatin$_{0.8}$/(EuW$_{10}$)$_{0.03}$	5	1	0.8	2	0.03	1	0.06
PAAm$_3$/Gelatin$_{0.8}$/(EuW$_{10}$)$_{0.03}$	5	3	0.8	2	0.03	1	0.06
PAAm$_5$/Gelatin$_{0.8}$/(EuW$_{10}$)$_{0.03}$	5	5	0.8	2	0.03	1	0.06
PAAm$_7$/Gelatin$_{0.8}$/(EuW$_{10}$)$_{0.03}$	5	7	0.8	2	0.03	1	0.06
PAAm$_5$/Gelatin$_{0.4}$/(EuW$_{10}$)$_{0.03}$	5	5	0.4	2	0.03	1	0.06
PAAm$_5$/Gelatin$_{0.6}$/(EuW$_{10}$)$_{0.03}$	5	5	0.6	2	0.03	1	0.06
PAAm$_5$/Gelatin$_{0.8}$/(EuW$_{10}$)$_{0.015}$	5	5	0.8	2	0.015	1	0.06
PAAm$_5$/Gelatin$_{0.8}$/(EuW$_{10}$)$_{0.06}$	5	5	0.8	2	0.06	1	0.06

6.2　聚丙烯酰胺/明胶/稀土多酸基荧光水凝胶的表征

　　水凝胶由非共价交联的 Gelatin/EuW$_{10}$网络和共价交联的 PAAm 网络缔合而成。通过对 PAAm$_5$/Gelatin$_{0.8}$/(EuW$_{10}$)$_{0.03}$水凝胶进行频率扫描研究其流变性能。如图 6 - 3(a)所示,在 0.2 ~ 100 rad · s^{-1}范围内,水凝胶的储能模量(G')大于损耗模量(G''),表明 PAAm$_5$/Gelatin$_{0.8}$/(EuW$_{10}$)$_{0.03}$水凝胶具有类固态行为。SEM 结果表明,水凝胶形成多孔结构,可能用于封装溶剂分子,如图 6 - 3(b)所示。

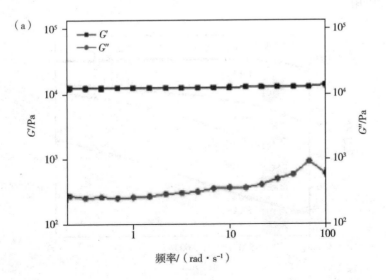

图 6 - 3 （a）$PAAm_5/Gelatin_{0.8}/(EuW_{10})_{0.03}$ **水凝胶的储能模量和损耗模量随频率变化的曲线；** （b）$PAAm_5/Gelatin_{0.8}/(EuW_{10})_{0.03}$ **水凝胶的 SEM 图**

PAAm/Gelatin/EuW_{10} 水凝胶的透过率曲线如图 6 - 4（a ~ c）所示。结果表明，PAAm/Gelatin/EuW_{10} 水凝胶的透过率随着丙烯酰胺（1 ~ 7 mmol）和 EuW_{10}（0.015 ~ 0.06 g）含量的增加而下降，明胶的含量（0.4 ~ 0.8 g）对透过率无明显影响。此外，笔者还对不同组成的 PAAm/Gelatin/EuW_{10} 水凝胶进行了拉伸测试，PAAm/Gelatin/EuW_{10} 水凝胶的代表性应力 - 应变曲线如图 6 -4(d ~ f)所示。结果表明，PAAm/Gelatin/EuW_{10} 水凝胶的最大应力和最大应变随着丙烯酰胺（1 ~ 5 mmol），明胶（0.4 ~ 0.8 g），以及 EuW_{10}（0.015 ~ 0.03 g）含量的增加而增加。其中，$PAAm_5/Gelatin_{0.8}/(EuW_{10})_{0.03}$ 水凝胶具有优异的力学性能（最大应力和最大应变），有利于其在信息安全存储领域的实际应用。

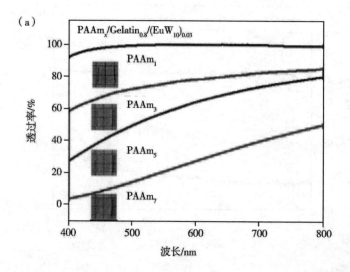

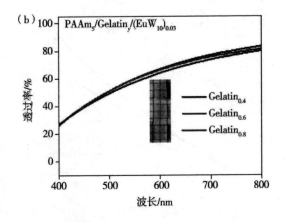

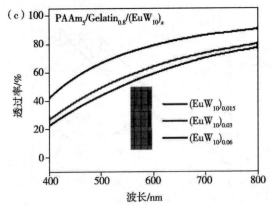

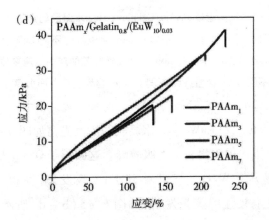

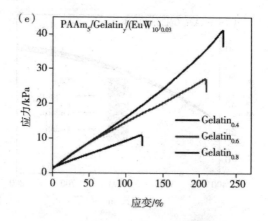

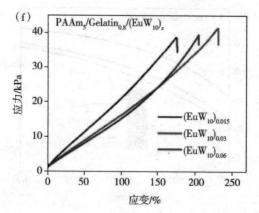

图 6 - 4　不同组成 PAAm/Gelatin/EuW$_{10}$水凝胶的透过率曲线
（a）不同 AAm 含量、（b）不同 Gelatin 含量、（c）不同 EuW$_{10}$含量；
不同组成的 PAAm/Gelatin/EuW$_{10}$水凝胶的应力 - 应变曲线
（d）不同 AAm 含量、（e）不同 Gelatin 含量、（f）不同 EuW$_{10}$含量

PAAm$_5$/Gelatin$_{0.8}$/（EuW$_{10}$）$_{0.03}$水凝胶的激发光谱如图 6 - 5（a）所示，在 215 ~ 315 nm 范围内展现出较大的吸收峰。这归因于 O→W LMCT 分子内能量转移，使能量从［W$_5$O$_{18}$］$^{6-}$转移到 Eu^{3+}激发态，使得 PAAm/Gelatin/EuW$_{10}$水凝胶产生较强的荧光发射，如图 6 - 5（b ~ d）所示。不同组成的 PAAm/Gelatin/EuW$_{10}$水凝胶的发射光谱分别展现出 4 个特征峰，591 nm、616 nm、647 nm 和 698 nm，分别归属于^{5}D$_0$→^{7}F$_1$、^{5}D$_0$→^{7}F$_2$、^{5}D$_0$→^{7}F$_3$ 和 ^{5}D$_0$→^{7}F$_4$跃迁。这表明，AAm 和明胶的含量对水凝胶的荧光性能无明显影

响,如图 6 - 5(b)和图 6 - 5(c)所示。图 6 - 5(d)表明,$PAAm_5/Gelatin_{0.8}/$ $(EuW_{10})_z$水凝胶的荧光强度随着 EuW_{10} 的含量(0.015 ~ 0.06 g)增加而增强。照片显示这些水凝胶具有红色荧光,并且当 EuW_{10} 含量为 0.03 g 时,满足可视化观察。综上所述,$PAAm_5/Gelatin_{0.8}/(EuW_{10})_{0.03}$水凝胶非常适合用于研究其信息安全存储能力。

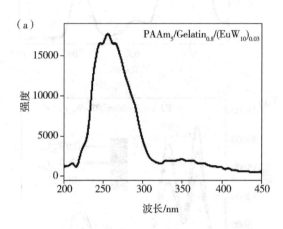

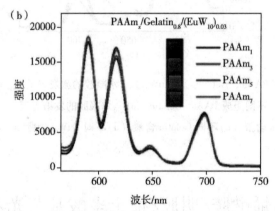

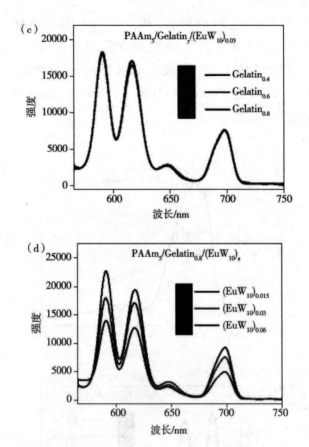

图 6 – 5   (a) PAAm$_5$/Gelatin$_{0.8}$/(EuW$_{10}$)$_{0.03}$ 水凝胶的激发光谱 λ_{em} = 591 nm；
不同组成 PAAm/Gelatin/EuW$_{10}$ 水凝胶的发射光谱
(b) 不同 AAm 含量、(c) 不同 Gelatin 含量、(d) 不同 EuW$_{10}$ 含量(λ_{ex} = 276 nm)

6.3   聚丙烯酰胺/明胶/稀土多酸基荧光水凝胶的可逆荧光开关

PAAm$_5$/Gelatin$_{0.8}$/(EuW$_{10}$)$_{0.03}$ 水凝胶在 HCl/NH$_3$ 刺激下表现出可逆的荧光开关行为。如图 6 – 6(a) 所示，PAAm$_5$/Gelatin$_{0.8}$/(EuW$_{10}$)$_{0.03}$ 水凝胶的特征发射峰随着 HCl 浓度的增加呈下降趋势。PAAm$_5$/Gelatin$_{0.8}$/(EuW$_{10}$)$_{0.03}$

水凝胶在 0.12 mol·L^{-1} 的 HCl 溶液中浸泡 20 s 时,591 nm 处的荧光强度达到稳定状态,如图 6-7(a) 所示。EuW$_{10}$ 的发光机理分为两个步骤。首先,光激发进入 O→W LMCT 会诱导 d^1 电子跳跃,同时伴随 d^1 电子与空穴失活重组释放能量。其次,晶格中 O→W LMCT 态到 Eu^{3+} 的 ^{5}D$_0$ 发射态的能量转移引起 Eu^{3+} 的发射。发射源自 Eu^{3+} 的激发态 ^{5}D$_0$ 并终止于 ^{7}F$_J$ 基态。HCl 响应淬灭的机理可能源于水分子和氢键。在 HCl 存在的情况下,水合质子在静电吸引的驱动下会渗入到 EuW$_{10}$ 周围,从而在 EuW$_{10}$ 周围形成水合微环境。同时,H$^+$ 与 EuW$_{10}$ 中的氧原子之间形成的氢键可以阻止能量从 O→W LMCT 态向 Eu^{3+} 的 ^{5}D$_0$ 发射态转移。因此,淬灭了 PAAm$_5$/Gelatin$_{0.8}$/(EuW$_{10}$)$_{0.03}$ 水凝胶的荧光。当荧光淬火的水凝胶在 NH$_3$ 溶液中浸泡时,由于酸碱中和,PAAm$_5$/Gelatin$_{0.8}$/(EuW$_{10}$)$_{0.03}$ 水凝胶的荧光恢复,如图 6-6(b) 所示。如图 6-6(c) 所示,在紫外光照射下,肉眼可以明显观察到相应的荧光强度的变化。此外,笔者对荧光开关效应进行了 5 个循环测试,结果表明在 HCl/NH$_3$ 刺激下具有良好的可逆性,如图 6-6(b) 所示。如图 6-6(d~f) 所示,加入 HCl 后,PAAm$_5$/Gelatin$_{0.8}$/(EuW$_{10}$)$_{0.03}$ 水凝胶的荧光寿命从 3081.12 μs 缩短到 262.69 μs。加入 NH$_3$ 后,荧光淬火的 PAAm$_5$/Gelatin$_{0.8}$/(EuW$_{10}$)$_{0.03}$ 水凝胶的荧光寿命得到恢复。这与发射光谱的结果一致。

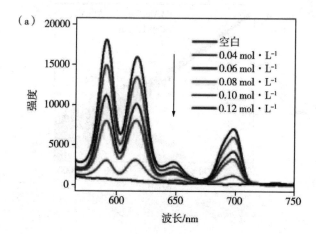

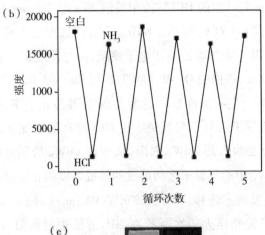

（b）

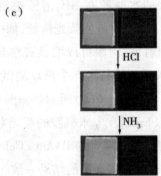

（c）

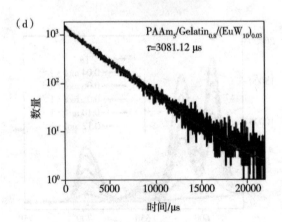

（d）

PAAm$_5$/Gelatin$_{0.8}$/(EuW$_{10}$)$_{0.03}$

$\tau=3081.12\ \mu s$

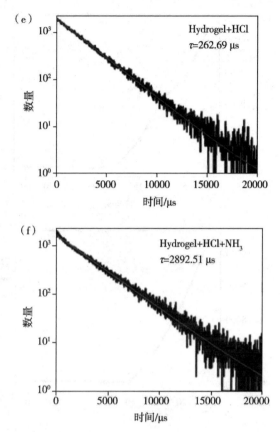

图6-6　（a）$PAAm_5/Gelatin_{0.8}/(EuW_{10})_{0.03}$水凝胶对 HCl 浓度的依赖曲线；

（b）$PAAm_5/Gelatin_{0.8}/(EuW_{10})_{0.03}$水凝胶对 HCl/NH_3 的可逆循环响应；

（c）$PAAm_5/Gelatin_{0.8}/(EuW_{10})_{0.03}$水凝胶对 HCl/NH_3 响应的照片；

（d～f）$PAAm_5/Gelatin_{0.8}/(EuW_{10})_{0.03}$水凝胶对 HCl/NH_3 响应的荧光寿命衰减曲线

（$\lambda_{ex} = 276$ nm，$\lambda_{em} = 591$ nm）

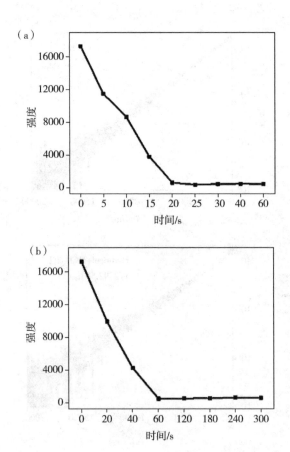

图 6-7　(a)$PAAm_5/Gelatin_{0.8}/(EuW_{10})_{0.03}$水凝胶经 HCl(0.12 mol·$L^{-1}$)处理后

在 591 nm 处荧光强度随时间变化曲线；

(b)$PAAm_5/Gelatin_{0.8}/(EuW_{10})_{0.03}$水凝胶经 Fe^{3+}(10 mmol·L^{-1})处理后

在 591 nm 处荧光强度随时间变化曲线

　　此外，$PAAm_5/Gelatin_{0.8}/(EuW_{10})_{0.03}$水凝胶的荧光强弱也可以通过金属离子进行调节。由图 6-8(a)和图 6-8(b)可知，具有闭壳电子构型的金属离子(Na^+、Mg^{2+}、Ca^{2+}、Ba^{2+}、Al^{3+})对 $PAAm_5/Gelatin_{0.8}/(EuW_{10})_{0.03}$水凝胶的发光没有明显的影响，而具有不同电子构型的 Fe^{3+} 对 $PAAm_5/Gelatin_{0.8}/(EuW_{10})_{0.03}$水凝胶的荧光有明显的淬灭作用。经不同金属离子处理后的 $PAAm_5/Gelatin_{0.8}/(EuW_{10})_{0.03}$水凝胶的发射光谱进一步证实了这一点，如图 6-8(c)和图 6-8(d)所示。$PAAm_5/Gelatin_{0.8}/(EuW_{10})_{0.03}$水凝胶在591 nm 处的荧光强度在 10 mmol·L^{-1} Fe^{3+} 溶液中浸泡60 s 后达到稳定状态，如图

6－7(b)所示。随着 Fe^{3+} 浓度的不断升高，$PAAm_5/Gelatin_{0.8}/(EuW_{10})_{0.03}$ 水凝胶的荧光强度逐渐降低，如图 6－9(a)所示。在 $Fe^{3+}/EDTA^{2-}$ 的刺激下，$PAAm_5/Gelatin_{0.8}/(EuW_{10})_{0.03}$ 水凝胶的寿命出现了微小的变化，如图 6－9 (d~f)所示，说明 Fe^{3+} 对 EuW_{10} 的淬灭机制可能来源于静态淬灭，没有发生能量转移。因此，淬灭机制可能是 Fe^{3+} 与 EuW_{10} 表面的氧原子配位，没有能量从 $O \rightarrow W$ LMCT 态转移到 Eu^{3+} 的 $^5D_0$ 发射态，导致 $PAAm_5/Gelatin_{0.8}/(EuW_{10})_{0.03}$ 水凝胶的荧光发生淬灭。此外，由于 Fe^{3+} 与 $EDTA^{2-}$ 之间存在很强的螯合作用，将荧光淬灭后的 $PAAm_5/Gelatin_{0.8}/(EuW_{10})_{0.03}$ 水凝胶浸泡在 $EDTA^{2-}$ 溶液中，如图 6－9(c)所示，紫外光下可以清楚地观察到 $PAAm_5/Gelatin_{0.8}/(EuW_{10})_{0.03}$ 水凝胶的荧光恢复。如图 6－9(b)所示，笔者对荧光开关效应进行了 3 个循环测试，结果表明水凝胶在 $Fe^{3+}/EDTA^{2-}$ 刺激下具有良好的可逆性。

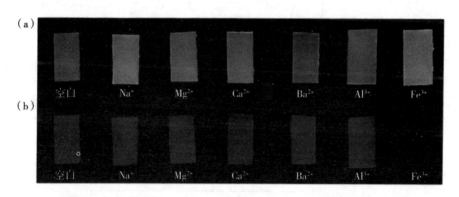

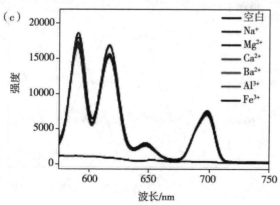

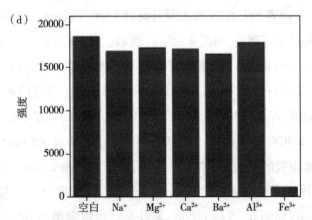

图 6 – 8　PAAm$_5$/Gelatin$_{0.8}$/(EuW$_{10}$)$_{0.03}$水凝胶经不同金属离子处理

（a）日光和（b）紫外光下的照片；（c）PAAm$_5$/Gelatin$_{0.8}$/(EuW$_{10}$)$_{0.03}$

水凝胶的发射光谱和（d）经不同金属离子处理后在 591 nm 处的荧光强度柱状图

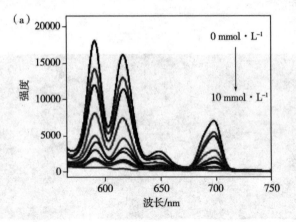

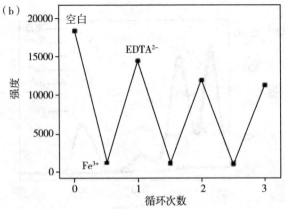

（c）

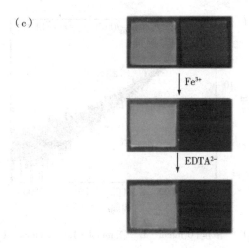

（d）

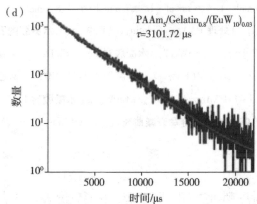

（e）

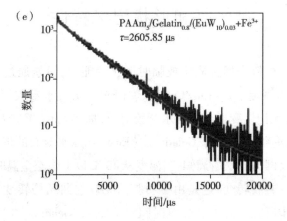

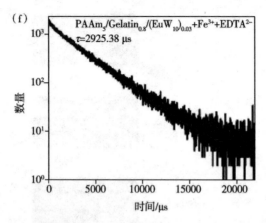

图 6-9 （a）不同 Fe^{3+} 浓度（0 mmol · L^{-1}、1 mmol · L^{-1}、2 mmol · L^{-1}、3 mmol · L^{-1}、4 mmol · L^{-1}、5 mmol · L^{-1}、6 mmol · L^{-1}、7 mmol · L^{-1}、8 mmol · L^{-1}、9 mmol · L^{-1}、10 mmol · L^{-1}）处理 $PAAm_5/Gelatin_{0.8}/(EuW_{10})_{0.03}$ 水凝胶的发射光谱；

（b）$PAAm_5/Gelatin_{0.8}/(EuW_{10})_{0.03}$ 水凝胶对 $Fe^{3+}/EDTA^{2-}$ 的可逆循环响应；

（c）$PAAm_5/Gelatin_{0.8}/(EuW_{10})_{0.03}$ 水凝胶对 $Fe^{3+}/EDTA^{2-}$ 响应的照片；

（d～f）$PAAm_5/Gelatin_{0.8}/(EuW_{10})_{0.03}$ 水凝胶对 $Fe^{3+}/$

$EDTA^{2-}$ 响应的荧光寿命衰减曲线（$\lambda_{ex} = 276$ nm，$\lambda_{em} = 591$ nm）

6.4 聚丙烯酰胺/明胶/稀土多酸基荧光水凝胶的自修复和形状记忆特性

形状记忆是材料变形并固定成临时形状的能力，只能通过外部刺激来触发原始形状的恢复。$PAAm_5/Gelatin_{0.8}/(EuW_{10})_{0.03}$ 水凝胶可通过"热和冷"过程实现形状记忆变形。先将水凝胶变形，加热到 60 ℃，然后冷却到室温，以记住临时形状。$PAAm_5/Gelatin_{0.8}/(EuW_{10})_{0.03}$ 水凝胶的形状记忆性能主要来源于明胶网络。众所周知，当温度从 40 ℃以上降至室温时，明胶水溶液会发生溶胶－凝胶转变，这是由于明胶由无规卷曲结构转变为三螺旋结构。笔者进一步研究了温度和加热时间对 $PAAm_5/Gelatin_{0.8}/(EuW_{10})_{0.03}$ 水凝胶形状记忆能力的影响。如图 6-10（a）所示，当加热温度为 60 ℃时，随着加热时间从 5 min 延长到 20 min，水凝胶的形状固定率从 27.7%增加到接

近100%。如图 6 – 10(b)所示,当加热温度为 40 ℃、50 ℃ 和 60 ℃时,
$PAAm_5/Gelatin_{0.8}/(EuW_{10})_{0.03}$ 水凝胶的形状固定率分别为33.3%、72.2% 和
接近100%。以上结果表明,加热温度 60 ℃、加热时间 20 min 是实现
$PAAm_5/Gelatin_{0.8}/(EuW_{10})_{0.03}$ 水凝胶形状记忆行为的最佳条件。此外,
$PAAm_5/Gelatin_{0.8}/(EuW_{10})_{0.03}$ 水凝胶还表现出自修复行为,这主要归因于非
共价相互作用。如图 6 – 10(e)所示,先用刀将一个水凝胶切成两段,然后将
两段水凝胶放置原位,在 60 ℃下加热 20 min,得到完整的水凝胶。通过拉伸
试验评价了 $PAAm_5/Gelatin_{0.8}/(EuW_{10})_{0.03}$ 水凝胶的自修复性能。拉伸结果
表明,随着自修复时间的延长,水凝胶的自修复程度不断提高,如图 6 – 10
(c)所示。采用最大应力与原始应力值的比值来评价自修复水平,称为修复
率,如图 6 – 10(d)所示。结果表明,当修复时间为3 h时,修复率达到稳定状
态,约为 92%,相应的应力基本不随修复时间的延长而变化。

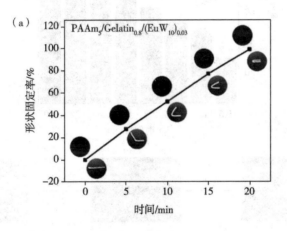

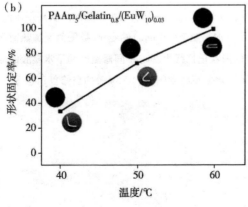

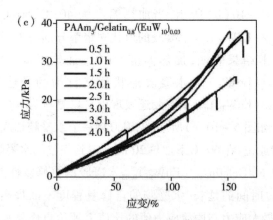

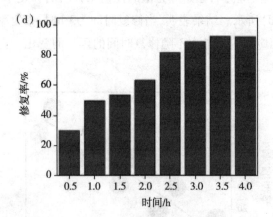

图 6-10　PAAm$_5$/Gelatin$_{0.8}$/(EuW$_{10}$)$_{0.03}$水凝胶的形状固定率随(a)加热时间

(60 ℃)和(b)加热温度(20 min)的变化,插图为受加热时间和加热

温度调控的水凝胶的形状记忆行为;(c)不同修复时间下水凝胶的应力-应变曲线;

(d)修复率柱状图;(e)水凝胶的自修复示意图

6.5 聚丙烯酰胺/明胶/稀土多酸基荧光水凝胶的防伪应用

综上所述,$PAAm_5/Gelatin_{0.8}/(EuW_{10})_{0.03}$水凝胶具有良好的双刺激荧光响应特性以及温度诱导的形状记忆和自修复性能,可以作为先进信息安全存储的理想材料。如图 6 - 11(a) 和图 6 - 11(b) 所示,笔者以$PAAm_5/Gelatin_{0.8}/(EuW_{10})_{0.03}$水凝胶为信息载体,HCl 和 Fe^{3+} 作为"墨水",NH_3 和 $EDTA^{2-}$ 作为"擦除剂"。由于 HCl 和 Fe^{3+} 对 EuW_{10} 发光具有淬灭作用,因此成功地在水凝胶表面写上了"ABC"和"red"信息。利用 NH_3 和 $EDTA^{2-}$ 可以分别擦除这些信息,这是酸碱中和作用以及 Fe^{3+} 和 $EDTA^{2-}$ 的螯合作用导致的。随后,可以再次写入新的信息"123"和"三角形"。结果表明,以 HCl/Fe^{3+} 为"墨水",以 $NH_3/EDTA^{2-}$ 为"擦除剂",可实现信息的可逆写入和擦除。此外,HCl 和 Fe^{3+} 书写的信息在日光下都不能被识别,只有在波长为 254 nm 的紫外光下才能被识别,这有利于信息的保护。笔者利用形状记忆和自修复特性开发了多种加密策略。如图 6 - 11(c)所示,以 HCl 为"墨水",在 $PAAm_5/Gelatin_{0.8}/(EuW_{10})_{0.03}$ 水凝胶表面写上真实信息"newspaper",在日光下不可见。切割水凝胶后,在紫外光下看到的"news"和"paper"是错误信息。在此条件下,只有经过 60 ℃ 的自修复过程才能获得原始的真实信息"newspaper"。而且,修复后的水凝胶可以拉伸到一定长度而不断裂,仍然可以清晰地观察到信息,如图 6 - 11(d)所示,说明拉伸对信息的显示没有明显的影响。同样,如图 6 - 11(e)所示,以 HCl 为"墨水",在$PAAm_5/Gelatin_{0.8}/(EuW_{10})_{0.03}$水凝胶表面写上"hydrogel",借助形状记忆特性,经过"热和冷"过程,变形成一个三维空心圆柱体。此时,在日光和紫外光下都不能观察到任何信息。只有通过额外的"热和冷"过程恢复原始的二维水凝胶形状后,才能观察到真实信息。此外,双刺激荧光响应以及形状记忆和自修复特性的协同作用可以提高信息的安全性。如图 6 - 11(f)所示,利用 $PAAm_5/Gelatin_{0.8}/(EuW_{10})_{0.03}$水凝胶的形状记忆和自修复特性制备出单词"EAR",然后通过 HCl 和 Fe^{3+} 处理加密。结果表明,虚假信息"EAR"和误导信息"LAP"分别在日光和紫外光下可见。真实信息"LAR"只有经过

NH_3处理后才能解密,从而实现有效的二维信息保护。

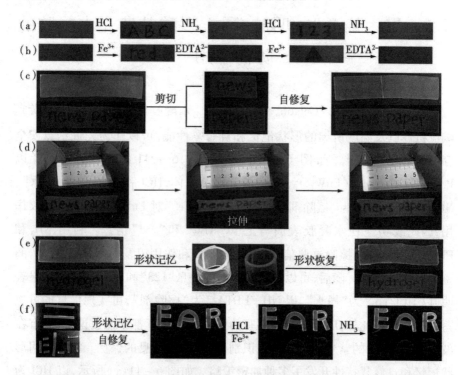

图 6-11　用(a)HCl/NH_3和(b)$Fe^{3+}/EDTA^{2-}$分别作为"墨水"和"擦除剂"在水凝胶
表面可逆书写和擦除信息的照片;(c)借助自修复特性解密真实信息
"newspaper";(d)自修复后的水凝胶的拉伸过程示意图;(e)将水凝胶折叠并固定成
三维空心圆柱体用于信息加密;(f)通过双刺激荧光响应、形状记忆和自修复特性的
协同作用对真实信息"LAR"进行加密

　　为了提高信息的安全性,笔者对信息加密平台进行了进一步的设计。如图 6-12(a)所示,在五瓣花状 $PAAm_5/Gelatin_{0.8}/(EuW_{10})_{0.03}$ 水凝胶表面用 Fe^{3+} 书写真实信息"quiet",序号 12345 用 Fe^{3+} 书写,其余部分用 HCl 书写,产生误导序号"88888"。然后,通过"热和冷"过程,在形状记忆特性的辅助下,将花瓣折叠并固定成一个三维花蕾形状,将所有信息隐藏在花蕾内部。此时,在日光和紫外光下都看不到任何信息。解密过程需要四个步骤。第一,三维花蕾需要通过形状恢复进行额外的"热和冷"过程来打开。第二,需要 NH_3 显示真实序号"12345"。第三,在紫外光下观察真实序号"12345"和字母。第四,将序号按升序排列,可以获得真实信息"quiet"。此外,笔者

还采用了 ASCII 二进制码来提高信息的安全性。如图 6 - 12(b)所示,以 HCl 和 Fe^{3+} 为"墨水"在 $PAAm_5/Gelatin_{0.8}/(EuW_{10})_{0.03}$ 水凝胶表面书写"01000001",代表误导信息"A"。然后,在形状记忆和自修复特性的辅助下,通过"热和冷"过程将水凝胶折叠固定成两个三维空心立方体形状,将所有信息隐藏在里面。解密过程需要五个步骤。第一,用刀切开修复部分。第二,需要通过额外的"热和冷"过程来恢复原始的二维水凝胶形状。第三,用 NH_3 恢复真实二进制码。第四,在紫外光下观察真实二进制码"01000011"。第五,根据 ASCII 二进制码将真实二进制码"01000011"翻译成字母"C"。值得注意的是,双刺激荧光响应以及形状记忆和自修复特性的协同作用可以有效提高信息的安全性。

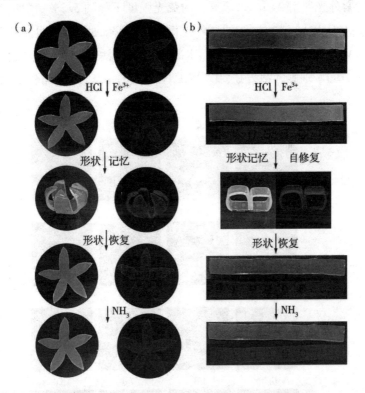

图 6 - 12　通过"热和冷"过程将水凝胶折叠并固定成

(a)三维花蕾和(b)3D 立方体用于信息加密,解密只能通过特定的预先设计步骤完成

笔者还研究了温度对书写信息保留时间的影响。如图6 - 13(a~c)所

示,25 ℃时,用 HCl 书写的信息 12 h 后变得模糊,48 h 后完全消失。4 ℃时,用 HCl 书写的信息 6 天完全消失。−20 ℃时,用 HCl 书写的信息 7 天开始出现轻微的模糊,之后直到 15 天书写的信息几乎没有变化。此外,笔者还研究了 Fe^{3+} 作为"墨水"在不同温度(25 ℃、4 ℃ 和 −20 ℃)下写入信息的保留时间,如图 6 − 13(d ~ f)所示。结果表明,25 ℃ 时,1 天后略有模糊,此后基本保持不变。4 ℃时,第 7 天出现轻微模糊,此后几乎保持不变。−20 ℃ 时,没有明显变化。这表明,低温有利于信息的长期保存。书写信息变模糊或消失的主要原因可能是 HCl 和 Fe^{3+} 在多孔结构水凝胶内的扩散。$PAAm_5/Gelatin_{0.8}/(EuW_{10})_{0.03}$ 水凝胶的光稳定性对其实际应用也至关重要。因此,笔者对其进行了紫外光照射实验,以研究其光稳定性。如图 6 − 13(g)所示,经紫外光照射 24 h 后,水凝胶的荧光强度下降约 5.2%,说明 $PAAm_5/Gelatin_{0.8}/(EuW_{10})_{0.03}$ 水凝胶的紫外光稳定性较好。此外,采用标准 MTT 法检测 $PAAm_5/Gelatin_{0.8}/(EuW_{10})_{0.03}$ 水凝胶对细胞活力的影响。如图 6 − 13(h)所示,HeLa 细胞的活力在 80% 以上,说明水凝胶具有较低的细胞毒性。

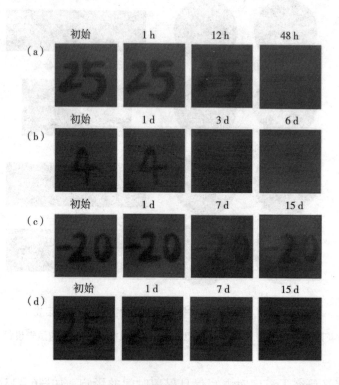

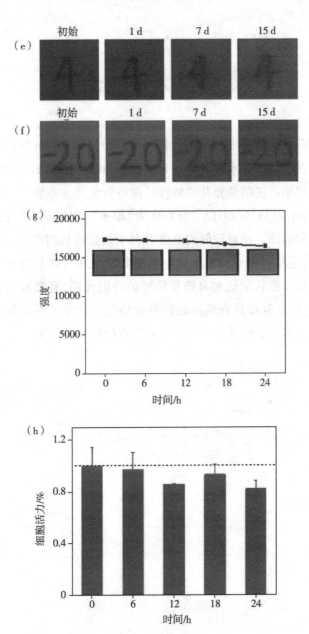

图 6 – 13　用 HCl 作为"墨水"书写的图案在不同温度和时间下的稳定性

（a）25 ℃、（b）4 ℃、（c）– 20 ℃；用 Fe^{3+} 作为"墨水"书写的图案在不同温度

和时间下的稳定性（d）25 ℃、（e）4 ℃、（f）– 20 ℃；（g）$PAAm_5$/$Gelatin_{0.8}$/$(EuW_{10})_{0.03}$

水凝胶在 591 nm 处荧光强度随紫外光照时间的变化以及相应的照片；

（h）MTT 法测定 HeLa 细胞活力

6.6 本章小结

通过非共价交联 Gelatin/EuW$_{10}$ 网络和共价交联 PAAm 网络成功制备了独特的稀土多酸基荧光水凝胶。该水凝胶在 HCl/NH$_3$ 和 Fe^{3+}/EDTA^{2-} 的刺激下分别表现出可逆的荧光开关特性。该特性使得水凝胶可以作为信息载体,以 HCl/NH$_3$ 和 Fe^{3+}/EDTA^{2-} 分别作为"墨水"和"擦除剂"可以实现信息的可逆写入和擦除。相对较低的温度有利于信息的长期存储。值得注意的是,该水凝胶还具有良好的温度诱导的形状记忆和自修复特性。通过双刺激荧光响应以及形状记忆和自修复特性的协同作用,有效提高了信息的安全性。此外,该水凝胶具有良好的紫外光稳定性和较低的毒性。该方法有利于促进稀土多酸在先进信息安全存储与保护领域的应用。

第7章　明胶/稀土多酸基薄膜的制备及喷水可重写荧光安全打印

荧光安全打印对保障经济以及日常生活安全具有重要意义。然而,传统纸张的使用仍然存在环境问题。因此,开发新型低成本且环境友好的安全打印材料势在必行。基于静电作用,本章将稀土多酸$[EuW_{10}O_{36}]^{9-}$引入明胶/甘油的薄膜中,制备了荧光薄膜。该薄膜在水的刺激下,具有可逆的荧光开关性能,使其能够用作喷水可重写纸,进而实现荧光安全打印。

7.1　明胶/稀土多酸基薄膜的制备

7.1.1　实验试剂

本章所使用的试剂为明胶(Gelatin)、丙三醇、硝酸铕、乙酸和钨酸钠。

7.1.2　表征方法

采用衰减全反射傅里叶变换红外光谱(ATR FT – IR)仪、紫外 – 可见光谱仪、荧光光谱仪、扫描电镜(SEM)、拉伸试验机等对所制备的材料进行测试。喷水打印是通过市售的喷墨打印机实现的,该打印机的墨盒经过清洗重新装满了水作为墨水。通过 MTT 实验测定 HeLa 细胞的活力。将孵化好的 HeLa 细胞接种到96孔板中,MTT 实验测定前需要进行培养。将含有不同浓度稀土多酸（EuW_{10}的最终浓度为 1 μmol · L^{-1}、5 μmol · L^{-1}、25 μmol · L^{-1}、50 μmol · L^{-1}、100 μmol · L^{-1} 和 200 μmol · L^{-1}）的材料加入孔中。培养24 h后，将MTT（0.5 mg · mL^{-1}）添加到每个孔中，并在37 ℃下再培养 4 h。每孔用150 μL二甲基亚砜代替培养基，并通过酶标仪检测 OD_{490}。

7.1.3　制备方法

根据文献制备 $Na_9EuW_{10}O_{36} · 21H_2O(EuW_{10})$。

$Gelatin/EuW_{10}$薄膜的制备：将明胶（0.125 g）溶解在水（1.25 mL）中，并在50 ℃下剧烈搅拌得到澄清溶液，再加入 EuW_{10}（0.02 g），继续搅拌得到澄清透明溶液，使明胶和 EuW_{10} 充分作用。将消泡后的溶液均匀地浇铸在聚氯乙烯（PVC）基底上（图7-1），在35 ℃的烘箱中干燥至恒重。

$Gelatin/EuW_{10}/GL$ 薄膜的制备：将明胶（0.125 g）和不同含量的 EuW_{10} 溶解在水（1.25 mL）中，并在50 ℃下搅拌得到澄清溶液。在此基础上，加入不同含量的甘油（GL）并搅拌 30 min 以形成均匀溶液。将消泡后的溶液均匀地浇铸在PVC基底上（图7-1），在35 ℃的烘箱中干燥至恒重。不同组成的薄膜的配方见表7-1和表7-2。

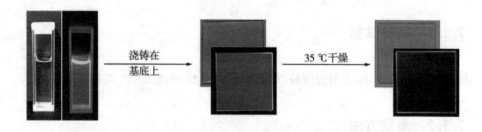

图7-1　基于 EuW_{10} 的薄膜的制备过程示意图

表 7-1　不同甘油含量 Gelatin/$(EuW_{10})_{0.02}$/GL 薄膜的配方

样品	H_2O/mL	Gelatin/g	EuW_{10}/g	GL/μL
Gelatin/$(EuW_{10})_{0.02}$/GL_0	1.25	0.125	0.02(16%)	0
Gelatin/$(EuW_{10})_{0.02}$/GL_{50}	1.25	0.125	0.02(16%)	50
Gelatin/$(EuW_{10})_{0.02}$/GL_{150}	1.25	0.125	0.02(16%)	150
Gelatin/$(EuW_{10})_{0.02}$/GL_{250}	1.25	0.125	0.02(16%)	250
Gelatin/$(EuW_{10})_{0.02}$/GL_{350}	1.25	0.125	0.02(16%)	350

表 7-2　不同 EuW_{10} 含量 Gelatin/EuW_{10}/GL 薄膜的配方

样品	H_2O/mL	Gelatin/g	EuW_{10}/g	GL/μL
Gelatin/$(EuW_{10})_{0.005}$/GL_{250}	1.25	0.125	0.005(4%)	250
Gelatin/$(EuW_{10})_{0.01}$/GL_{250}	1.25	0.125	0.01(8%)	250
Gelatin/$(EuW_{10})_{0.02}$/GL_{250}	1.25	0.125	0.02(16%)	250
Gelatin/$(EuW_{10})_{0.03}$/GL_{250}	1.25	0.125	0.03(24%)	250
Gelatin/$(EuW_{10})_{0.04}$/GL_{250}	1.25	0.125	0.04(32%)	250

7.2　明胶/稀土多酸基薄膜的表征

首先,通过 ATR FT-IR 表征明胶与 EuW_{10} 之间的相互作用。如图 7-2(a)所示,在 Gelatin/$(EuW_{10})_{0.02}$ 中,位于 931 cm^{-1} 处的特征峰归属于 $\nu(W\!=\!O_d)$,位于 840 cm^{-1} 处归的特征峰属于 $\nu(W\!-\!O_b\!-\!W)$,位于 778 cm^{-1} 和 705 cm^{-1} 处归属于 $\nu(W\!-\!O_c\!-\!W)$,与单独 EuW_{10} 相比伴随着移动。这些结果表明,EuW_{10} 已成功掺入明胶基质中,并且 EuW_{10} 的结构保持完整。峰位的移动表明两性离子明胶和 EuW_{10} 之间发生了静电作用。此外,EuW_{10} 在薄膜中的存在也通过 EDS 分析得到证实,EuW_{10} 均匀地分布在薄膜中,如图 7-2(b~d)所示。

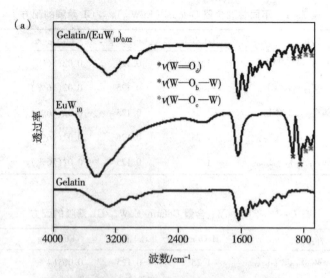

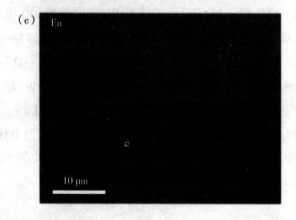

图 7 - 2　(a)Gelatin、EuW$_{10}$和 Gelatin/(EuW$_{10}$)$_{0.02}$的 ATR FT - IR 谱图；
(b ~ d)Gelatin/(EuW$_{10}$)$_{0.02}$/GL$_{250}$的 SEM 图及元素分布图

Gelatin/EuW$_{10}$薄膜较脆且吸水能力差,并不是喷水打印荧光材料的理想选择。然而,随着甘油的加入,Gelatin/EuW$_{10}$薄膜的机械性能和吸水能力得到改善。甘油是一种常用的增塑剂,它可以通过降低分子间作用力来增加材料的体积和聚合物的流动性,从而增强薄膜的柔韧性。此外,甘油的羟基能够通过氢键与水分子相互作用,从而提高薄膜的吸水能力,进而延长字迹的保持时间。从图 7 - 3(a)可以看出,随着质量的增加,薄膜的伸长率持续增加而不断裂。除去重物后薄膜能恢复到原来的长度,表明薄膜具有良好的韧性和回弹性。Gelatin/(EuW$_{10}$)$_{0.02}$/GL$_{250}$薄膜的初始厚度为800 μm,当薄膜的厚度为800 ~ 4000 μm 时,在可见光范围内表现出高透明度(89%以上),如图 7 - 4(a)所示。Gelatin/(EuW$_{10}$)$_{0.02}$/GL$_{0-350}$薄膜的代表性应力 - 应变曲线如图 7 -4(b)所示,随着甘油含量的增加,在 0 ~ 350 μL 范围内,最大应力逐渐降低,如图 7 - 3(b)所示。在 0 ~ 250 μL 范围内,随着甘油含量的增加,最大应变逐渐增加,而当甘油增加到 350 μL 时,薄膜变得黏稠。

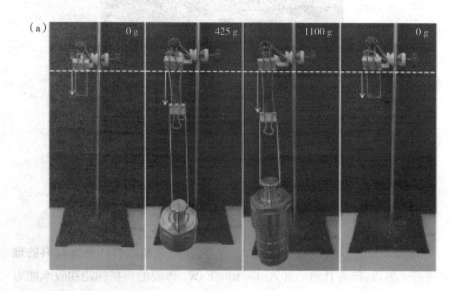

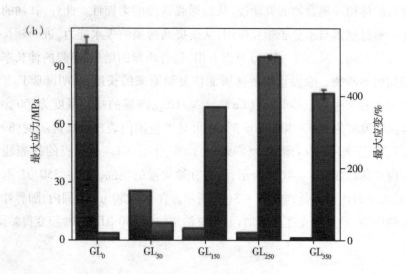

图 7-3　(a)不同质量下 Gelatin/$(EuW_{10})_{0.02}$/GL$_{250}$ 薄膜的伸长率和回弹性实验；

　　　　(b)不同甘油含量的 Gelatin/$(EuW_{10})_{0.02}$/GL 薄膜的最大应力和最大应变

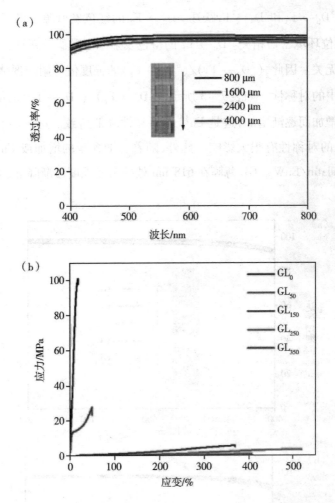

图 7 - 4　（a）不同厚度的 Gelatin/（EuW$_{10}$）$_{0.02}$/GL$_{250}$薄膜的透过率；
（b）不同甘油含量的 Gelatin/（EuW$_{10}$）$_{0.02}$/GL 薄膜的代表性应力 – 应变曲线

在筛选了适宜的机械性能的薄膜之后,笔者进一步对不同组分的荧光薄膜的透过率和荧光性质进行了探究。具有不同甘油含量和不同 EuW$_{10}$ 含量的 Gelatin/EuW$_{10}$/GL 薄膜在可见光范围内也表现出高透明度（90% 以上）,如图 7 – 5（a）和图 7 – 5（b）所示,插图显示这些薄膜在日光下是无色透明的（图 7 – 5）,在紫外光下呈现红色荧光（图 7 – 6）。此外,薄膜的荧光强弱可以分别通过甘油和 EuW$_{10}$ 的含量来调节,其发射光谱如图 7 – 6 所示,在 591 nm、618 nm、648 nm 和 698 nm 处有 4 个特征峰,分别归属于 $^5D_0 \rightarrow ^7F_1$、

$^5D_0 \rightarrow {}^7F_2$、$^5D_0 \rightarrow {}^7F_3$ 和 $^5D_0 \rightarrow {}^7F_4$ 跃迁。$^5D_0 \rightarrow {}^7F_2$ 的红色发射源于电偶极跃迁，与 Eu^{3+} 配位环境密切相关。$^5D_0 \rightarrow {}^7F_1$ 的橙色发射源于磁偶极跃迁，与周围的配位环境无关。因此，$(^5D_0 \rightarrow {}^7F_2)/(^5D_0 \rightarrow {}^7F_1)$ 的强度值可用于评估 Eu^{3+} 在不同组分中的对称性。如表 7-3 所示，$(^5D_0 \rightarrow {}^7F_2)/(^5D_0 \rightarrow {}^7F_1)$ 的值随着甘油含量的增加而逐渐增加，这是 Eu^{3+} 的对称性降低所致。这表明甘油的存在对 Eu^{3+} 的对称性有很大影响。此外，随着甘油含量的增加或 EuW_{10} 含量的降低，$Gelatin/EuW_{10}/GL$ 薄膜在 618 nm 处的荧光强度逐渐降低，如图7-6所示。

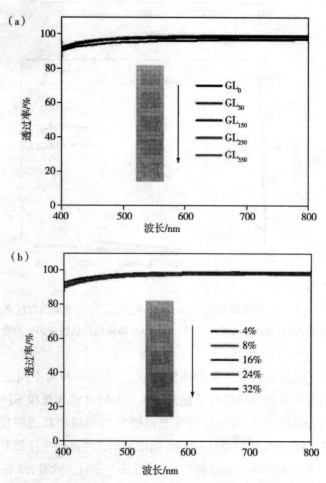

图 7-5　不同组成的 $Gelatin/EuW_{10}/GL$ 薄膜的透过率谱图

（a）不同甘油含量；（b）不同 EuW_{10} 含量，插图为不同组成的薄膜在日光下的照片

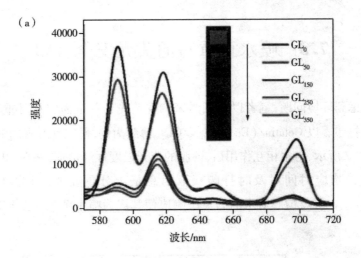

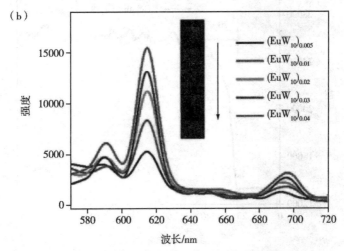

图 7-6　不同组成的 Gelatin/EuW$_{10}$/GL 薄膜的荧光发射光谱(λ_{ex} = 270 nm)

(a)不同甘油含量;(b)不同 EuW$_{10}$ 含量,插图为不同组成的薄膜在 254 nm 紫外光下的照片

表 7-3　$I_{(0\rightarrow2)}/I_{(0\rightarrow1)}$ 强度值

组成	$I_{(0\rightarrow2)}/I_{(0\rightarrow1)}$
Gelatin/(EuW$_{10}$)$_{0.02}$/GL$_0$	0.84
Gelatin/(EuW$_{10}$)$_{0.02}$/GL$_{50}$	0.89
Gelatin/(EuW$_{10}$)$_{0.02}$/GL$_{150}$	2.17
Gelatin/(EuW$_{10}$)$_{0.02}$/GL$_{250}$	2.35
Gelatin/(EuW$_{10}$)$_{0.02}$/GL$_{350}$	2.44

7.3　喷水可重写的荧光安全打印

考虑到环境问题,笔者以水刺激来调控荧光开关进而实现可重写的荧光安全打印。以 Gelatin/(EuW$_{10}$)$_{0.02}$/GL$_{250}$薄膜为例,研究其对水的响应性。如图 7 – 7 所示,与水相互作用后,薄膜的荧光强度逐渐增加,并在 20 s 内达到平衡。响应时间对及时打印获取信息是十分重要的,因此,Gelatin/(EuW$_{10}$)$_{0.02}$/GL$_{250}$薄膜对水的高灵敏响应使其成为喷水荧光安全打印的理想选择。

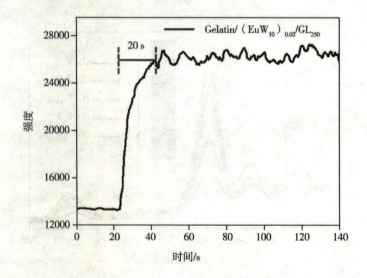

图 7 – 7　在水刺激下,Gelatin/(EuW$_{10}$)$_{0.02}$/GL$_{250}$薄膜在 618 nm 处的荧光强度随时间变化的曲线

为了制备适合荧光安全打印的喷水可重写纸,笔者通过调控甘油和 EuW$_{10}$的含量制备了一系列不同成分的 Gelatin/EuW$_{10}$/GL 薄膜。如图7 – 8(a~c)所示,在相同打印条件下,Gelatin/(EuW$_{10}$)$_{0.02}$/GL$_{250}$上打印的图案"HLJU"可以清楚地被观察到。相应的荧光发射光谱表明,该薄膜的对比度明显高于其他薄膜的打印性能。图 7 – 8(d ~ f)表明 Gelatin/(EuW$_{10}$)$_{0.02}$/GL$_{250}$薄膜的对比度对于安全打印来说足以进行观察,因此适合荧光安全打印。此外,Gelatin/(EuW$_{10}$)$_{0.02}$/GL$_{250}$薄膜上的图案在日光和紫外光波长为365 nm下均不可见,如图7-9(a)和图7-9(c)所示,但在紫外光波长为254 nm下,却清晰可见,如图7-9(b)所示,这表明,只有知道上述特定解密的紫外光波长才能获取真实信息。

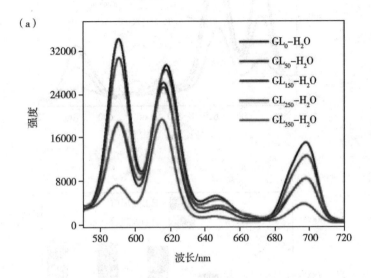

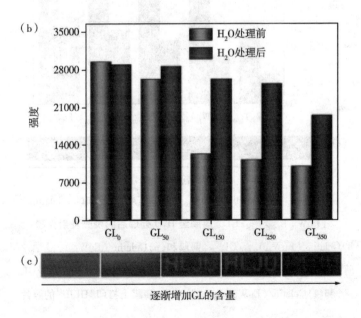

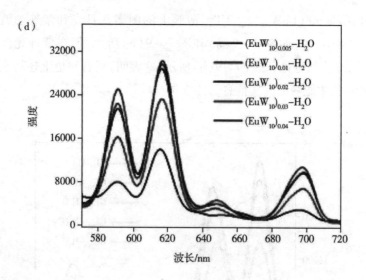

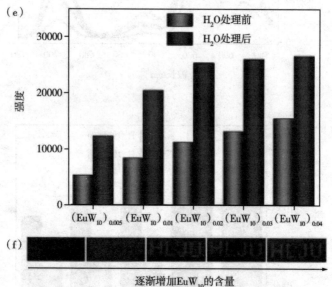

图 7 - 8　（a）Gelatin/（EuW$_{10}$）$_{0.02}$/GL$_{0-350}$ 薄膜和（d）Gelatin/

（EuW$_{10}$）$_{0.005-0.04}$/GL$_{250}$ 薄膜经 H$_2$O 处理后的荧光发射光谱；

（b）Gelatin/（EuW$_{10}$）$_{0.02}$/GL$_{0-350}$ 薄膜和（e）Gelatin/（EuW$_{10}$）$_{0.005-0.04}$/GL$_{250}$

薄膜在 H$_2$O 处理前后的荧光强度变化；（c）Gelatin/（EuW$_{10}$）$_{0.02}$/GL$_{0-350}$

和（f）Gelatin/（EuW$_{10}$）$_{0.005-0.04}$/GL$_{250}$ 薄膜上打印"HLJU"的照片

图 7 - 9 "HLJU"在(a)日光、(b)254 nm 紫外光和(c)365 nm 紫外光下的照片

在实现信息存储的基础上,笔者设计了加密策略以保护信息安全。如图 7 - 10(a)所示,使用普通打印机利用水作为墨水打印了一个二维码图案来提高信息安全性。该二维码在日光下看不到,但在 254 nm 的紫外光下可以清楚地观察到,并且加密信息只能通过智能手机进行扫描和识别,大大提高了防伪水平。此外,该薄膜可以用作普通纸来使用。在图 7 - 10(b)中的"POM"(polyoxometalate 的缩写)是以商用的普通墨水打印的,在日光和紫外光下都可以观察到,但是"Truth"的标识只有在 254 nm 的紫外光下才能观察到,可以用来分辨真伪。此外,笔者还采用了两种墨水混合打印的方法来提高信息的安全性。先使用商业油墨打印虚假信息"888",然后在"888"表面用水打印真实信息"254"。如图 7 - 10(c)所示,在日光下观察到的"888"为虚假信息,而真实信息"254"只能在 254 nm 的紫外光下观察到。

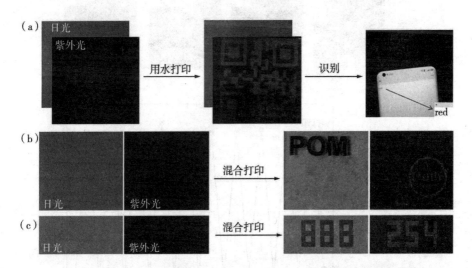

图 7 - 10 (a)水作为墨水在 Gelatin/(EuW$_{10}$)$_{0.02}$/GL$_{250}$ 薄膜上打印防伪二维码;

(b)在 254 nm 紫外光下的"Truth"标识用于鉴别信息的真伪;

(c)在 254 nm 紫外光下,误导性信息"888"被解密为真实信息"254"

在实现了信息安全存储的基础上,笔者对 Gelatin/(EuW$_{10}$)$_{0.02}$/GL$_{250}$ 薄膜的可重写和可再生能力进行了深入研究。结果表明,Gelatin/(EuW$_{10}$)$_{0.02}$/GL$_{250}$ 薄膜可用作安全打印和可擦除的纸张。将纸张在 35 ℃ 的真空烘箱中加热 2 h,可以完全"擦除"打印的信息,然后从烘箱拿出的纸张可以再次进行"打印",如图 7-11(a)所示。图 7-11(b)记录了薄膜反复用水打印和加热擦除后在 618 nm 处相应的荧光光谱变化。这样的过程至少可以重复 10 次,而且薄膜的性能不会显著降低。大多数文献报道的纸可重写,但不可再生,然而,本章中的可重写纸还具有优异的可再生能力。如图 7-11(c)所示,在 50 ℃ 水中重新加热溶解经过折叠损坏的纸张,然后通过溶液浇铸方法重新制备薄膜,可以很容易地得到可再生纸。最重要的是,可再生纸仍然保留了优异的"安全打印"能力,荧光性能并没有受到明显影响,同时,节约了荧光打印薄膜的制备成本,这个性能对荧光打印纸张在日常生活中的实际应用具有重要的意义。

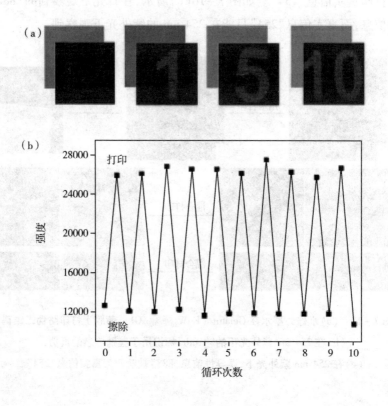

（a）

（b）

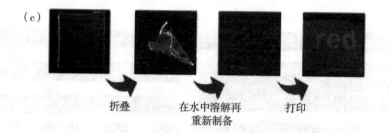

折叠　　　　在水中溶解再　　　打印
重新制备

图7-11　（a）Gelatin/（EuW$_{10}$）$_{0.02}$/GL$_{250}$薄膜的可重复打印和擦除；
（b）Gelatin/（EuW$_{10}$）$_{0.02}$/GL$_{250}$薄膜的10次循环试验；（c）薄膜的可再生能力

　　作为记录信息的可擦写纸张，需要考虑到日常应用时所处的环境条件，因此，笔者研究了湿度和温度对打印信息的清晰度的影响。如图7-12（a~c）所示，常规条件（25 ℃，20% RH）下，12 h后图案仍然清晰可见，27 h后完全消失；在中等湿度条件（25 ℃，57% RH）下，8 h后图案出现轻微的模糊；在相对较高的湿度条件（25 ℃，湿度98%）下放置6 h，由于水分子的吸附，图案完全消失。此外，如图7-12（d~f）所示，笔者研究了真空条件下不同温度（25 ℃、4 ℃和-20 ℃）时图案清晰度的变化。结果表明，图案在-20 ℃的真空下放置6个月，清晰度没有明显减弱，字迹仍清晰可辨。上述结果表明，相对较低的湿度和较低的温度有利于打印信息的长期保存。对于用于信息存储的荧光材料来说，在阅读信息时，其紫外光稳定性也会影响字迹的保持时间。因此，笔者还对安全打印纸张进行了紫外光照射测试，以研究其紫外光稳定性。如图7-12（g）所示，即使在紫外光连续照射12 h，Gelatin/（EuW$_{10}$）$_{0.02}$/GL$_{250}$薄膜的荧光强度也没有明显变化，这表明安全打印纸张具有良好的紫外光稳定性。溶剂效应测试表明，该薄膜分别在石油醚、甲苯和乙腈溶液中浸泡12 h后，字迹仍然清晰可辨，说明Gelatin/（EuW$_{10}$）$_{0.02}$/GL$_{250}$薄膜对有机溶剂也具有良好的稳定性，如图7-12（h~j）所示。此外，拉伸后荧光图案也没有表现出明显的变化，如图7-12（k）所示。

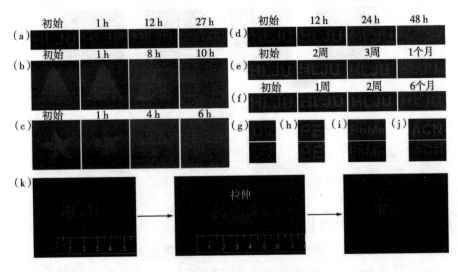

图 7 - 12　打印图案在不同条件下的照片

(a)25 ℃,20% RH;(b)25 ℃,57% RH;(c)25 ℃,98% RH;(d)25 ℃,真空;

(e)4 ℃,真空;(f) -20 ℃,真空;打印图案在(g)紫外光照射、(h)石油醚、

(i)甲苯和(j)乙腈处理 12 h 前后的照片;(k)拉伸后又恢复的照片

笔者通过 MTT 法对 Gelatin/(EuW₁₀)₀.₀₂/GL₂₅₀薄膜的细胞毒性进行了测试。如图 7 - 13(a)所示,即使在 200 μmol · L^{-1}的高浓度下,HeLa 细胞的存活率仍大于 95% ,这表明 Gelatin/(EuW₁₀)₀.₀₂/GL₂₅₀薄膜处于低毒性范围内,具有良好的细胞相容性。该 Gelatin/(EuW₁₀)₀.₀₂/GL₂₅₀薄膜除了可以用打印机进行打印,还可以用毛笔蘸取少量水进行书写,如图 7 - 13(b)所示,也可以将水注入钢笔中,用钢笔进行书写,如图 7 - 13(c)所示。

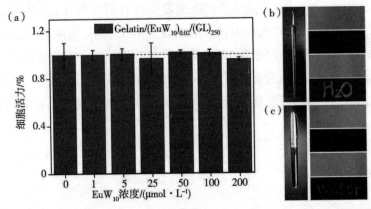

图 7 - 13　(a)MTT 法测定 HeLa 细胞的活力;由(b)毛笔和(c)钢笔书写的照片

7.4　机理分析

根据文献报道，EuW_{10}由于分子内能量转移而表现出强烈的红光发射，其中包括两个步骤。首先，光激发进入 O→W LMCT 会导致 d^1 电子的跳跃，并伴随着 d^1 电子和空穴之间的复合释放能量。其次，晶格中 O→W LMCT 态到 Eu^{3+} 的 $^5D_0$ 发射态的能量转移引起 Eu^{3+} 的发射。发射源自 Eu^{3+} 的激发态 $^5D_0$ 并终止于 ^7F_J 基态。如图 7-14 所示，$Gelatin/(EuW_{10})_{0.02}/GL_{250}$ 薄膜在水处理前后以 270 nm 为中心，在 210~315 nm 范围内表现出很宽的吸收带。这归因于 O→W LMCT 的分子内能量转移，将能量从 $[W_5O_{18}]^{6-}$ 转移到 Eu^{3+} 的激发态，导致 Eu^{3+} 的强荧光发射峰在 $Gelatin/(EuW_{10})_{0.02}/GL_{0-350}$ 薄膜的发射光谱中被观察到。

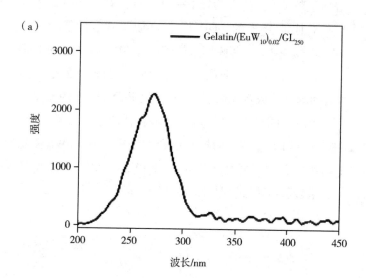

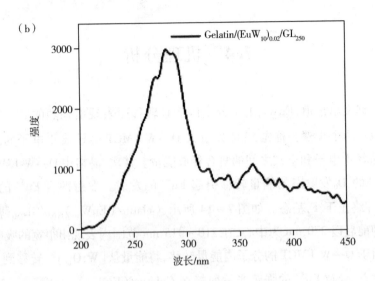

图 7 – 14　Gelatin/(EuW_{10})_{0.02}/GL_{250} 薄膜(a)水处理前和(b)水处理后
(λ_{em} = 618 nm)的激发光谱

　　然而,Gelatin/(EuW$_{10}$)$_{0.02}$/GL$_{0-350}$薄膜在 618 nm 处的荧光强度随着甘油含量的增加逐渐降低,这表明富含—OH 的甘油与 EuW$_{10}$是有相互作用的,这可能源于甘油分子的—OH 振动致使 EuW$_{10}$的荧光淬灭。相反,Gelatin/(EuW$_{10}$)$_{0.02}$/GL$_{0-350}$薄膜用水处理后在 618 nm 处的荧光强度是明显增加的,这可能是由于水进入薄膜后和甘油分子之间形成氢键减弱了—OH对 EuW$_{10}$的振动耦合导致荧光恢复,进而导致 EuW$_{10}$荧光的恢复和可擦写纸上打印信息的出现。同时,通过加热破坏水和甘油分子之间的氢键,水分子被移除,伴随着—OH 对 EuW$_{10}$的振动耦合的恢复导致 EuW$_{10}$荧光的重新淬灭以及可擦写纸上信息的擦除,Gelatin/(EuW$_{10}$)$_{0.02}$/GL$_{250}$薄膜对水分子响应的可能的能量转移(ET)过程如图 7 – 15 所示。

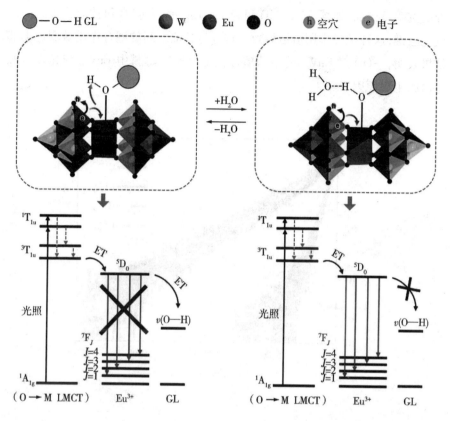

图7-15　薄膜对水响应的可逆荧光开关的可能机理和相应的能级示意图

　　荧光寿命衰减曲线进一步证实了上述假设,笔者测试了 Gelatin/EuW$_{10}$ 薄膜与 Gelatin/EuW$_{10}$/GL 薄膜加水前后的荧光寿命。如图7-16(a)所示,Gelatin/EuW$_{10}$ 薄膜的衰减曲线遵循单指数行为,这表明薄膜中仅存在一种化学环境的 EuW$_{10}$ 物种,为明胶和 EuW$_{10}$ 静电作用的物种。然而,在加入甘油之后,Gelatin/EuW$_{10}$/GL 薄膜衰减曲线遵循双指数行为,相应的寿命和比例如表7-4所示。寿命较短的物种为 Gelatin/EuW$_{10}$/GL,而寿命较长的物种为缺少甘油中—OH 对 EuW$_{10}$ 振动耦合的 Gelatin/EuW$_{10}$。同时,从荧光寿命衰减曲线可以发现,随着甘油含量的增加,寿命较短的物种比例逐渐增加,并伴随寿命较长的物种的比例减少,导致 Gelatin/EuW$_{10}$/GL 薄膜的整体寿命缩短。以上这些结果也恰恰证实了 EuW$_{10}$ 上的—OH 振动耦合发生在 EuW$_{10}$ 和甘油之间,导致荧光寿命缩短。此外,水分子处理后寿命较长的物种比例明显增加,如图 7 – 16(b)和表 7 – 5 所示,表明水和甘油分子之间形成了氢键,这种氢键作用恰恰导致 EuW_{10} 与甘油之间的耦合作用减弱。上述结果表明,—OH 对 EuW_{10} 的振动耦合程度是影响薄膜中 EuW_{10} 荧光强度和寿命的主要原因。

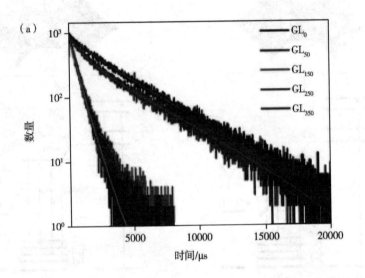

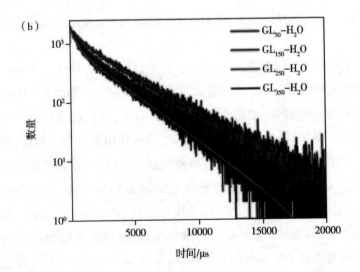

图 7 – 16 不同甘油含量的 Gelatin/$(EuW_{10})_{0.02}$/GL_{0-350} 薄膜

在(a)水处理之前和(b)水处理之后的荧光寿命衰减曲线

表 7 - 4　水处理前 $Gelatin/(EuW_{10})_{0.02}/GL_{0-350}$ 薄膜的寿命

样品	τ_1/ms	τ_2/ms	α_1	α_2	τ_{ave}/ms
$Gelatin/(EuW_{10})_{0.02}/GL_0$	3.28	—	—	—	3.28
$Gelatin/(EuW_{10})_{0.02}/GL_{50}$	0.74	3.44	0.24	0.76	3.27
$Gelatin/(EuW_{10})_{0.02}/GL_{150}$	0.46	0.85	0.49	0.51	0.72
$Gelatin/(EuW_{10})_{0.02}/GL_{250}$	0.45	0.83	0.51	0.49	0.69
$Gelatin/(EuW_{10})_{0.02}/GL_{350}$	0.44	0.74	0.53	0.47	0.62

表 7 - 5　水处理后 $Gelatin/(EuW_{10})_{0.02}/GL_{50-350}$ 薄膜的寿命

样品	τ_1/ms	τ_2/ms	α_1	α_2	τ_{ave}/ms
$Gelatin/(EuW_{10})_{0.02}/GL_{50}$	0.89	3.44	0.12	0.88	3.35
$Gelatin/(EuW_{10})_{0.02}/GL_{150}$	0.70	3.33	0.19	0.81	3.21
$Gelatin/(EuW_{10})_{0.02}/GL_{250}$	0.53	2.96	0.16	0.84	2.88
$Gelatin/(EuW_{10})_{0.02}/GL_{350}$	0.48	2.71	0.17	0.83	2.63

7.5　本章小结

通过简单的溶液浇铸法成功地获得了具有高透明度、高强度和良好柔韧性的稀土多酸基薄膜。该薄膜在水的刺激下具有可逆的荧光开关性能，使其能够用作喷水可重写纸并用于荧光安全打印。多种加密策略有利于提高信息的安全性。通过加热可以方便地"擦除"打印的信息。相对较低的湿度和较低的温度有利于打印信息的长期保存。该薄膜具有优异的可重写和可擦除特性，此外，该薄膜具有良好的再生能力和低毒性。在紫外光和有机溶剂中也表现出了良好的稳定性。该工作有利于促进稀土多酸在信息安全存储、加密、防伪等领域的应用。

第8章 聚(2-丙烯酰胺-2-甲基-1-丙磺酸)/稀土基安全墨水的制备及高级防伪

具有自修复特性的荧光防伪材料有利于延长其使用寿命,这对它们的实际应用具有重要意义。本章将2,6-吡啶二羧酸(PDA)配体与稀土离子进行配位复合制得的稀土配合物掺杂到具有自愈合特性的聚合物基质聚(2-丙烯酰胺-2-甲基-1-丙磺酸)(PAMPSA)中,得到了兼具可逆酸碱响应和自愈合特性的防伪墨水。

8.1 聚(2-丙烯酰胺-2-甲基-1-丙磺酸)/稀土基安全墨水的制备

8.1.1 实验试剂

本章所使用的试剂为2-丙烯酰胺-2-甲基-1-丙磺酸(AMPSA)、$Tb(NO_3)_3 \cdot 5H_2O(435.02 \text{ g} \cdot \text{mol}^{-1})$、$Eu(NO_3)_3 \cdot 6H_2O(446.06 \text{ g} \cdot \text{mol}^{-1})$和$PDA(167.12 \text{ g} \cdot \text{mol}^{-1})$。

8.1.2 表征方法

采用元素分析仪、热重分析仪、核磁光谱仪、X射线光电子能谱仪以及荧光光谱仪等对所制备的材料进行测试。

8.1.3　制备方法

根据文献制备稀土配合物 Ln(PDA)$_3$。

PAMPSA/Ln(PDA)$_3$荧光墨水的制备:首先将 AMPSA(0.60 g)溶解在 1.0 mL 水中,并在 90 ℃下加热 45 min 得到 PAMPSA 聚合物溶液,无须添加引发剂和交联剂。然后将 Ln(PDA)$_3$配合物的二甲基亚砜溶液加入 PAMPSA 溶液中搅拌得到均相溶液。Ln(PDA)$_3$的最终浓度为 1.0 mg·mL^{-1}。

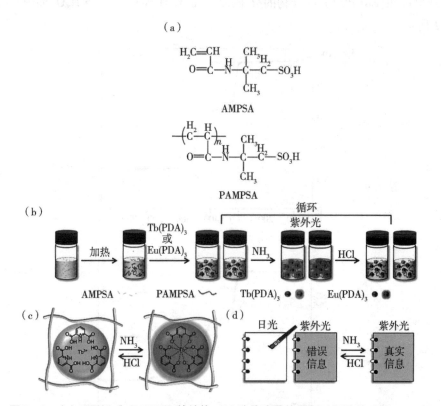

图 8 - 1　(a)AMPSA 和 PAMPSA 的结构;(b)防伪油墨的制备过程及其对 NH$_3$ - HCl
蒸气响应的可逆荧光开关示意图;(c)PAMPSA/Tb(PDA)$_3$油墨可能的
NH$_3$ - HCl 传感机理示意图;(d)信息编码、解密和加密的过程

8.2 稀土配合物与安全墨水的表征

通过 EA 与 TGA 对 Ln(PDA)$_3$配合物进行表征。Tb(PDA)$_3$的 EA 实验结果为 C,36.81%;H,1.98%;N,6.18%。理论值为 C,36.86%;H,2.21%;N,6.14%。结合 TGA 结果可知,Tb(PDA)$_3$配合物的分子式为 Tb(C$_7$H$_4$NO$_4$)$_3$·1.5H$_2$O。Eu(PDA)$_3$的 EA 实验结果为 C,37.28%;H,2.11%;N,6.27%。理论值为 C,37.24%;H,2.23%;N,6.20%。结合 TGA 结果可知,Eu(PDA)$_3$配合物的分子式为 Eu(C$_7$H$_4$NO$_4$)$_3$·1.5 H$_2$O,如图 8 - 2 所示。

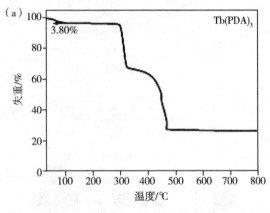

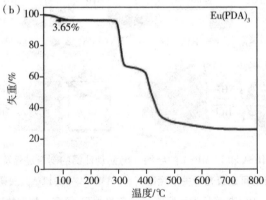

图 8 - 2 (a)Tb(PDA)$_3$和(b)Eu(PDA)$_3$的 TGA 曲线

通过核磁(^{1}H NMR)对单体 AMPSA 的聚合性能进行表征。如图 8 - 3 所示,位于 5.6×10^4 和 6.0×10^4 的峰值属于烯烃双键碳上的质子峰消失,从而证明单体 AMPSA 聚合成功。

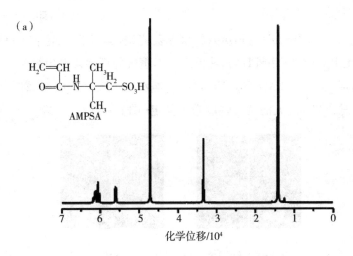

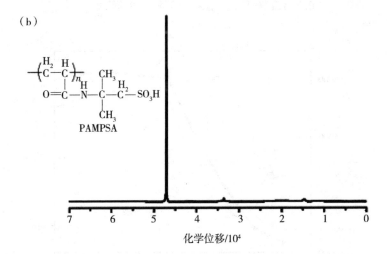

图 8 - 3 室温下(a)AMPSA 和(b)PAMPSA 在 D$_2$O 中的核磁谱图

8.3　安全墨水的可逆荧光开关

正如预期的那样,Tb(PDA)$_3$在紫外光下表现出绿光发射,如图 8 - 4(a)所示。但初始 PAMPSA/Tb(PDA)$_3$墨水无荧光,在紫外光照射下,可以清楚地看到初始 PAMPSA/Tb(PDA)$_3$油墨经 NH$_3$蒸气处理后发射出绿色荧光,如图 8 -6(a)所示。当 PAMPSA/Tb(PDA)$_3$墨水在 NH$_3$蒸气中暴露时间延长到 20 min 时,544 nm 处的荧光强度趋于稳定(图 8 -5)。

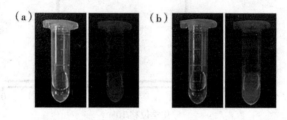

图 8 -4　(a)Tb(PDA)$_3$和(b)Eu(PDA)$_3$
在混合溶剂(V_{water}: V_{DMSO} = 12.5:1)中的照片

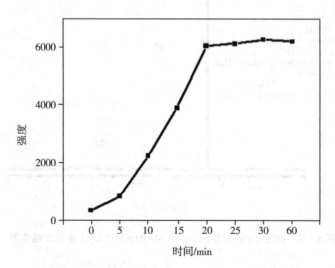

图 8 -5　PAMPSA/Tb(PDA)$_3$墨水在 NH$_3$蒸气中暴露不同时间后
544 nm 处的荧光强度变化

　　进一步将此荧光墨水暴露在 HCl 蒸气中 20 min 后,荧光消失,如图 8-6
(a)所示。荧光强度的变化在紫外光下清晰可见。如图 8-6(b)和图 8-6
(c)所示,初始 PAMPSA/Tb(PDA)$_3$ 墨水的激发光谱中无明显吸收峰,发射
光谱中无明显特征发射峰。与此相反,经 NH$_3$ 蒸气处理后的 PAMPSA/Tb
(PDA)$_3$ 墨水在 250~400 nm 处出现了明显的宽包。PAMPSA/Tb(PDA)$_3$ +
NH$_3$ 在 490 nm、544 nm、582nm 和 618nm(λ_{ex} = 310 nm)处展现出了明显的
特征峰,归因于 $^5D_4 \rightarrow ^7F_J$(J = 6、5、4、3)跃迁。绿光发射主要源于 $^5D_4 \rightarrow ^7F_5$,
如图 8-7(a)所示。此外,笔者对荧光开关效应进行了 5 个循环测试,结果
表明 PAMPSA/Tb(PDA)$_3$ 在 NH$_3$ - HCl 刺激下具有良好的可逆性,如图 8-6
(d)所示。

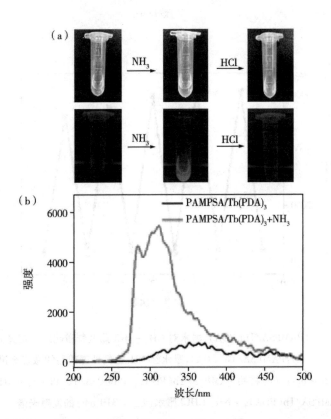

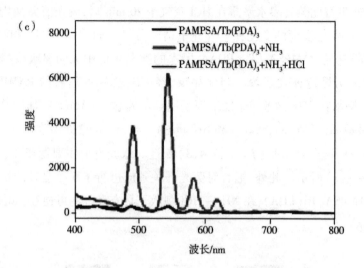

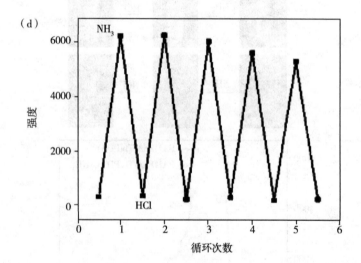

图 8-6 (a)PAMPSA/Tb(PDA)₃墨水对 NH₃ - HCl 蒸气刺激响应的荧光开关

行为照片;(b)PAMPSA/Tb(PDA)₃墨水经 NH₃蒸气处理前后的激发光谱

(λ_{em} = 544 nm);(c)初始 PAMPSA/Tb(PDA)₃、PAMPSA/Tb(PDA)₃ + NH₃、

PAMPSA/Tb(PDA)₃ + NH₃ + HCl 墨水(λ_{ex} = 310 nm)的发射光谱;

(d)PAMPSA/Tb(PDA)₃墨水在 NH₃ - HCl 蒸气刺激下的荧光可逆循环曲线

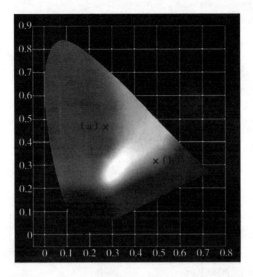

图8-7 (a)PAMPSA/Tb(PDA)$_3$+NH$_3$墨水
和(b)PAMPSA/Eu(PDA)$_3$+NH$_3$墨水的 CIE 色度图

同样,Eu(PDA)$_3$在紫外光下表现出红光发射,如图8-4(b)所示,PAMPSA/Eu(PDA)$_3$墨水对 NH$_3$-HCl 蒸气展现出类似的荧光开关行为(图8-8)。PAMPSA/Eu(PDA)$_3$+NH$_3$在592 nm、618 nm 和692 nm 处有3个发射峰(λ_{ex} = 285 nm),归属于^{5}D$_0$→^{7}F$_J$(J=1、2、4)跃迁。红光发射主要源于^{5}D$_0$→^{7}F$_2$跃迁,如图8-7(b)所示。PAMPSA/Eu(PDA)$_3$在 NH$_3$-HCl 蒸气刺激下表现出良好的可逆荧光开关行为。

(a)

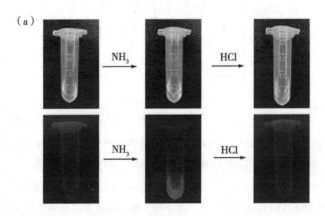

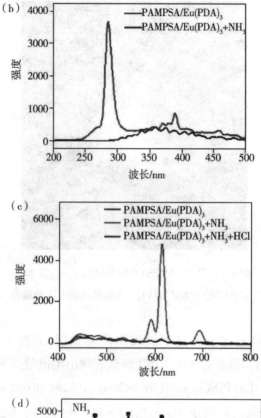

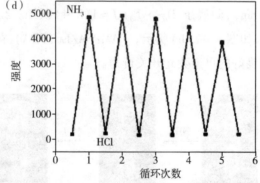

图 8 - 8　(a)PAMPSA/Eu(PDA)₃墨水对 NH₃ - HCl 蒸气刺激响应的荧光开关

行为照片;(b)PAMPSA/Eu(PDA)₃墨水经 NH₃蒸气处理前后的激发光谱

(λ_{em} = 618 nm);(c)初始 PAMPSA/Eu(PDA)₃、PAMPSA/Eu(PDA)₃ + NH₃、

PAMPSA/Eu(PDA)₃ + NH₃ + HCl 墨水(λ_{ex} = 285 nm)的发射光谱;

(d)PAMPSA/Eu(PDA)₃墨水在 NH₃ - HCl 蒸气刺激下的荧光可逆循环曲线

图8－9给出了可能的配体－金属能量传递过程。对于 Tb^{3+} 和 Eu^{3+} 来讲,最佳配体到金属的能量转移过程需要的能量差分别在 $2500 \sim 4500$ cm^{-1} 和 $2500 \sim 4000$ cm^{-1} 范围内。PDA 的三重态能级(T_1)为 24100 cm^{-1},$Tb^{3+}(^5D_4)$ 和 $Eu^{3+}(^5D_0)$ 的共振能级分别为 20500 cm^{-1} 和 17300 cm^{-1}。可以发现 PDA 的 T_1 与 $Tb^{3+}(^5D_4)$ 的共振能级之间的能量差为 3600 cm^{-1},与 $Eu^{3+}(^5D_0)$ 的共振能级之间的能量差为 6800 cm^{-1},这表明 PDA 到 Tb^{3+} 的能量转移比到 Eu^{3+} 更有效。

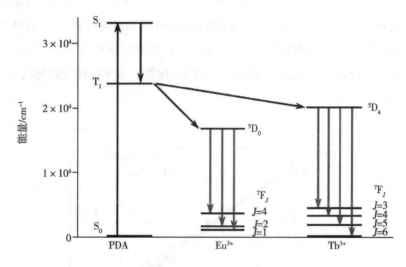

图8－9　配体－金属能量传递过程示意图

初始 PAMPSA/Tb(PDA)$_3$ 墨水和 PAMPSA/Eu(PDA)$_3$ 墨水不发光归因于体系中较高的质子强度,质子来源于 PAMPSA 中的磺酸基解离的 H^+。以初始 PAMPSA/Tb(PDA)$_3$ 墨水为研究对象并测定其 pH 值,pH 值约为1.4。在此情况下,PDA 与 Ln^{3+} 的配位键因为羧基和氨基的质子化而解离,由于天线效应的缺失导致 Ln^{3+} 的荧光淬灭。暴露于 NH_3 蒸气后,质子通过 NH_3 蒸气被中和(pH 值约为9.6),PDA 与 Ln^{3+} 之间的配位键重新缔合,导致 Ln^{3+} 的荧光恢复。此外,如图8－10和图8－11所示,PAMPSA/Tb(PDA)$_3$ 和 PAMPSA/Eu(PDA)$_3$ 均展现出单指数行为。经过 NH_3 蒸气处理之后,PAMPSA/Tb(PDA)$_3$ 和 PAMPSA/Eu 的荧光寿命明显延长,如图8－10(b)和

图8-11（b）所示，这源于 PDA 分子取代 Ln^{3+} 的配位水分子。此外，PAMPSA/Tb（PDA）$_3$和 PAMPSA/Eu（PDA）$_3$中 Ln^{3+} 在初始状态时的配位水分子数目（q_{Tb} = 7.18, q_{Eu} = 7.20）多于暴露在 NH_3 蒸气状态下时的配位水分子数目（q_{Tb} = 0.45, q_{Eu} = 0.10），同样表明初始状态时 PDA 分子被水分子取代（图8-12 和表8-1）。随后将其暴露于 HCl 蒸气，PAMPSA/Tb（PDA）$_3$和 PAMPSA/Eu（PDA）$_3$的荧光寿命再次缩短，如图8-10（c）和图8-11（c）所示。结果与 PAMPSA/Tb（PDA）$_3$和 PAMPSA/Eu（PDA）$_3$的发射光谱一致。采用 XPS 分析 Tb 和 Eu 的价态。如图8-13（a）所示，PAMPSA/Tb（PDA）$_3$在 NH_3 处理前后，位于 1276.6 eV 和 1242.0 eV 处的特征峰归属于 Tb $3d_{3/2}$和 Tb $3d_{5/2}$，为 Tb^{3+} 的特征峰。如图8-13（b）所示，PAMPSA/Eu（PDA）$_3$在 NH_3 处理前后，位于 1165.2 eV 和 1135.2 eV 处的特征峰归属于 Eu $3d_{3/2}$ 和 Eu $3d_{5/2}$，为 Eu^{3+} 的特征峰。因此，Tb 和 Eu 在 NH_3 蒸气处理前后均以 +3 价氧化态的形式存在。

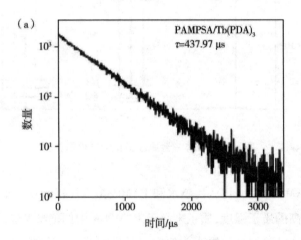

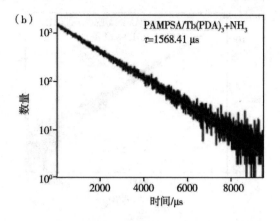

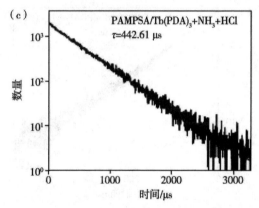

图 8 – 10　PAMPSA/Tb(PDA)₃ 墨水在 H₂O 环境下
对 NH₃ – HCl 蒸气刺激响应的荧光寿命衰减曲线

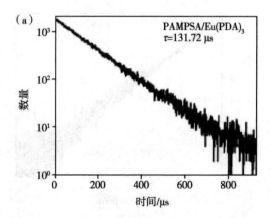

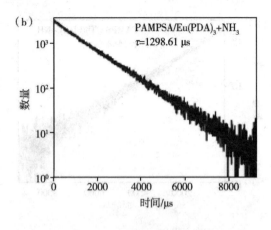

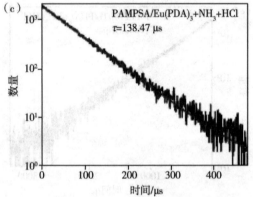

图 8-11　PAMPSA/Eu(PDA)$_3$墨水在 H$_2$O 环境下
对 NH$_3$ - HCl 蒸气刺激响应的荧光寿命衰减曲线

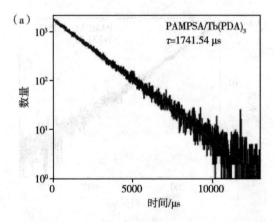

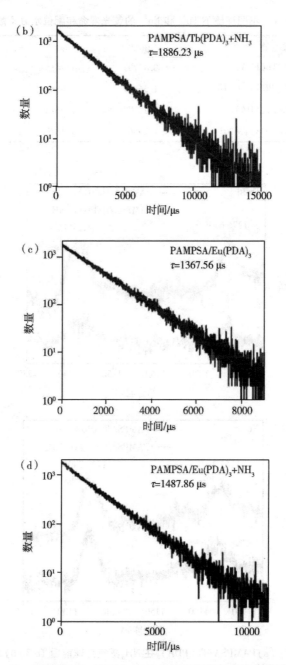

图 8 - 12　PAMPSA/Ln(PDA)₃ 在 D₂O 环境下的荧光寿命衰减曲线

表 8 – 1   不同环境下 Tb^{3+} 和 Eu^{3+} 的荧光寿命和配位水分子数目

复合物	τ_{H_2O}/ms	τ_{D_2O}/ms	q_{Ln}
PAMPSA/Tb(PDA)$_3$	0.43797	1.74154	7.18
PAMPSA/Tb(PDA)$_3$ + NH$_3$	1.56841	1.88623	0.45
PAMPSA/Eu(PDA)$_3$	0.13172	1.36756	7.20
PAMPSA/Eu(PDA)$_3$ + NH$_3$	1.29861	1.48786	0.10

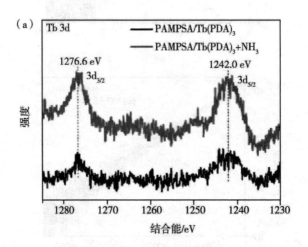

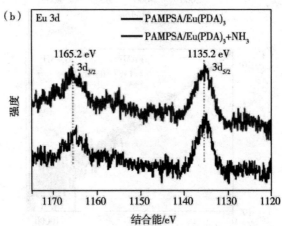

图 8 – 13   (a)PAMPSA/Tb(PDA)$_3$ 在 NH$_3$ 蒸气处理前后 Tb 3d 的 XPS 谱;
(b)PAMPSA/Eu(PDA)$_3$ 在 NH$_3$ 蒸气处理前后 Eu 3d 的 XPS 谱

8.4 刺激响应性安全墨水的高级防伪应用

值得注意的是,这种没有荧光的初始墨水可以被功能化作为防伪墨水用于高级防伪。如图8-14所示,使用PAMPSA/Tb(PDA)$_3$和PAMPSA/Eu(PDA)$_3$墨水可制备各种图案,并且在日光与紫外光下均无法正确识别信息。如图8-14(a)所示,用PAMPSA/Tb(PDA)$_3$墨水书写"王",其余用PAMPSA/Eu(PDA)$_3$墨水书写成"田"。这些图案在日光下无法辨认,紫外光下无荧光。经NH$_3$蒸气处理后,隐藏的信息"王"呈绿色荧光清晰可见。假信息"田"用于隐藏机密信息。这种可逆刺激响应的动态防伪可以提高防伪水平,只有知道正确的解密规则才能获取真实信息。此外,值得注意的是,机密信息可以进一步被HCl和NH$_3$蒸气进行加密和解密,这有利于避免机密信息的二次泄露以及实现加密信息的重复读取。此外,合理设计多重加密策略可进一步提高防伪水平。如图8-14(b)所示,通过字母乱序将"HELLO CHEMISTRY"写成"HCHEEMILSTLRYO","HELLO"的部分用PAMPSA/Tb(PDA)$_3$墨水书写,而"CHEMISTRY"部分用PAMPSA/Eu(PDA)$_3$墨水书写。在紫外光下无荧光,这些信息是没有意义的。然而,真实信息只能通过NH$_3$处理并在紫外光下正确调整字母顺序获得。此外,选用ASCII二进制码可以进一步提高防伪水平。在图8-14(c)中,通过PAMPSA/Tb(PDA)$_3$和PAMPSA/Eu(PDA)$_3$结合制备了一个双色微阵列,真实信息在日光或紫外光下均无法辨认。经NH$_3$处理后,在紫外光下能观察到绿色荧光点(代表"0")和红色荧光点(代表"1")。解密过程需要四个步骤。第一,经NH$_3$蒸气处理后产生荧光点。第二,在紫外光下观察荧光点。第三,将绿色和红色荧光点分别转化为数字"0"和数字"1"。第四,基于ASCII二进制码,将二进制码转换成字母"HLJU"。将PAMPSA、PAMPSA/Tb(PDA)$_3$和PAMPSA/Eu(PDA)$_3$+NH$_3$组合也是提高信息安全水平的有效策略。如图8-14(d)所示,数字"111"用PAMPSA/Eu(PDA)$_3$+NH$_3$书写,数字"777"用PAMPSA/Tb(PDA)$_3$书写,其余用PAMPSA书写成"888"。误导性信息"111"在紫外光下清晰可见,但真实信息"777"需经NH$_3$蒸气解密后才能读出。上述结果表明,多种加密策略是提高防伪水平的有效方法。

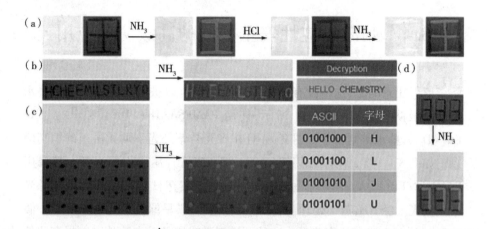

图 8-14　(a)真实信息"王";(b)采用字母乱序对"HELLO CHEMISTRY"
进行加密;(c)使用 ASCII 二进制码对"HLJU"进行加密;(d)用误导性信息
"111"隐藏真实信息"777"

　　通过二维码存储机密信息需要用智能手机扫描解密,这是另一种提高信息安全性的有效策略。由于对比度较弱,在日光和紫外光下扫描二维码未发现任何信息,如图 8-15(a)和图 8-15(b)所示。相比之下,经 NH₃ 处理后,二维码在紫外光下清晰可见,通过智能手机进行扫描可以识别出机密信息"HLJU",如图 8-15(c)所示。值得一提的是,具有自修复特性的防伪墨水可以提高其抵抗机械损伤的能力。如图 8-15(d)所示,两个干燥的半圆放置在相对湿度为 98% 的条件下,20 min 后,两个半圆愈合成一个完整的圆并可承受 100 g 重量且无裂纹。自修复能力可能主要源于分子间的多重氢键,即酰胺基团的氢原子(氢键供体)和—SO₂O—基团的氧原子(氢键受体)。湿度可提高修复率,促进氢键供体和受体的运动并在受损表面形成氢键。如图 8-15(e)所示,从二维码上剪掉一个小角,由于信息不完整机密信息无法被智能手机扫描识别。当把碎片放回到初始位置,然后把它们放在 98% 的相对湿度下,5 min 后两个碎片愈合成完整的二维码,如图 8-15(f)所示。重要的是,修复后的二维码可以经由智能手机扫描识别出机密信息"HLJU"。上述结果表明,从修复后的二维码中获取机密信息可以延长材料的使用寿命,保证耐久性。

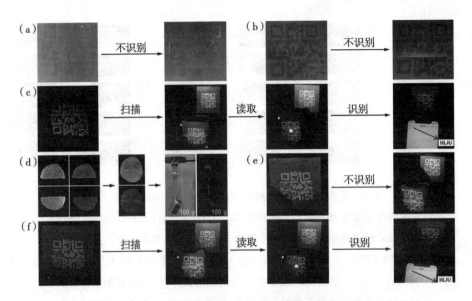

图8-15 在(a)日光和(b)紫外光下,扫描二维码没有识别出任何信息;

(c)经NH₃蒸气处理后,在紫外光下扫描二维码识别出"HLJU";

(d)PAMPSA/Ln(PDA)₃+NH₃的自修复能力展示;(e)在紫外光下

扫描损坏的二维码,没有识别出任何信息;(f)湿度促进受损二维码自我修复,

在紫外光下扫描修复二维码,识别机密信息"HLJU"

墨水的稳定性对其实际应用非常重要,因此笔者以PAMPSA/Tb(PDA)₃为例研究其稳定性。如图8-16所示,具有强荧光且完整的"inks"图案在各种条件(紫外光照射、不同湿度、不同有机溶剂、加热和摩擦)下都能清楚地观察到。此外,防伪墨水还表现出良好的稳定性,并且可以使用毛笔在不同的基底表面进行书写。

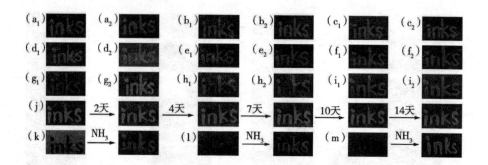

图 8-16　"inks"图案经紫外光照射 24 h(a_1)前和(a_2)后的照片；"inks"图案在不同湿度条件下放置 30 min 前后的照片(b)25 ℃,16%；(c)25 ℃,57%；(d)25 ℃,98%；"inks"图案在不同有机溶剂中浸泡 2 h(e_1、f_1、g_1)前和(e_2、f_2、g_2)后的照片(e 为石油醚,f 为乙腈,g 为 N,N 二甲基甲酰胺)；(h)"inks"图案在 80 ℃下放置 12 h 前后的照片；(i)"inks"图案用砂纸摩擦 30 次前后的照片；(j)"inks"图案在常规(25 ℃,14%)条件下放置不同时间的照片；采用 PAMPSA/Tb(PDA)$_3$墨水将"inks"图案书写在不同基底表面的照片(k)陶瓷、(l)叶子、(m)称量纸

8.5　本章小结

　　本章将稀土配合物掺杂到 PAMPSA 基质中,设计并成功制备了两种具有自修复能力的新型荧光淬灭的防伪墨水。初始荧光淬灭的防伪墨水在日光和紫外光下都能隐藏真实信息,但经过 NH$_3$ 蒸气处理后,在紫外光下能显示出荧光图案。此外,由于 PDA 和 Ln^{3+} 之间动态配位键的缔合与解离,所制备的安全墨水在"NH$_3$ - HCl"蒸气刺激下表现出可逆的荧光开关行为。这种可逆的动态防伪策略有利于提高防伪水平,避免真实信息的二次泄露,实现真实信息的重复读取。此外,将可逆刺激响应特性与合理的多重加密策略相结合,可以进一步提高防伪水平。多重动态氢键使墨水具有良好的自修复能力,可延长使用寿命,保证耐久性。该方法有利于促进稀土元素在先进防伪和信息安全存储领域的应用。

第9章 透明质酸/稀土基荧光墨水和荧光薄膜的制备及防伪

透明质酸(HA)是一种无毒、水溶性好、成膜性好的生物分子。该分子含有大量的羧基可与稀土离子配位。本章以透明质酸为配体,将其与 Tb^{3+} 和 Eu^{3+} 在水中进行配位组装制备了荧光墨水和荧光薄膜,并将其应用于荧光防伪。此外,通过调节 Tb^{3+} 与 Eu^{3+} 的物质的量比,可以得到黄色荧光墨水和黄色荧光薄膜,该类材料同样可应用于荧光防伪。

9.1 透明质酸/稀土基荧光墨水和荧光薄膜的制备

9.1.1 实验试剂

本章所使用的试剂为 $Tb(NO_3)_3 \cdot 6H_2O$ (435.02 g·mol^{-1})、$Eu(NO_3)_3 \cdot 6H_2O$(446.06 g·mol^{-1})和 HA($40 \sim 100$ kDa)。

9.1.2 表征方法

采用紫外 - 可见光谱仪、红外光谱仪以及荧光光谱仪对所制备的材料进行测定。

9.1.3 制备方法

首先将 Tb(NO$_3$)$_3$ 水溶液滴入到 HA(4.8%)的溶液中,然后将混合溶液在 85 ℃ 下搅拌 0.5 h。随后将热溶液冷却至室温就可以得到荧光墨水(Tb^{3+} 的最终浓度为 0.19 mol·L^{-1})。在此基础上,采用溶液浇铸法制备荧光薄膜。HA – Eu 和 HA – (Tb$_{1.5}$Eu$_1$)复合材料的制备方法同上。

9.2 透明质酸/稀土基荧光墨水和荧光薄膜的表征

将 HA 与不同的稀土盐在水中复合,可以得到不同发光颜色的荧光复合材料(图 9 – 1),通过 FT – IR 和 UV – vis 手段表征 HA 和稀土离子之间的作用力。如图 9 – 2(a)所示,HA 中位于 1407 cm^{-1} 和 1613 cm^{-1} 处的 COO$^-$ 特征峰在与稀土离子复合后,向高波数方向移动,说明 HA 与稀土离子发生了配位。此外,复合物中 HA 的吸收峰发生了红移,同样说明 HA 与稀土离子发生了配位,如图 9 – 2(b)所示。

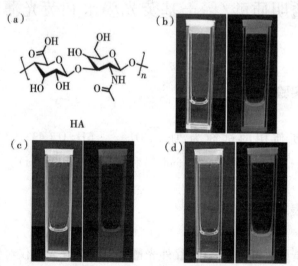

图 9 – 1 (a)HA 结构式;(b)HA – Tb(绿色)、(c)HA – Eu(红色)、(d)HA – (Tb$_{1.5}$Eu$_1$)(黄色)的照片

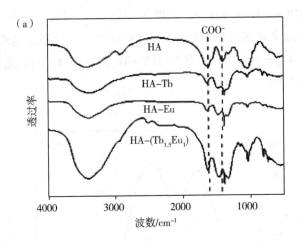

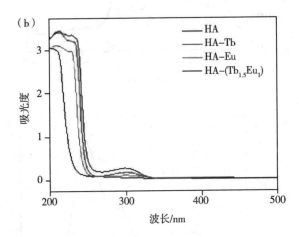

图9-2　HA、HA-Tb、HA-Eu和HA-$(Tb_{1.5}Eu_1)$的
(a)红外光谱和(b)紫外-可见光谱

　　利用荧光光谱分析了荧光墨水的荧光性质,相应的激发光谱见图9-3
(a)和图9-3(b)。如图9-3(c)所示,在378 nm光激发下,HA-Tb墨水分别
在491 nm、546 nm、586 nm和622 nm处有4个特征峰,分别对应于$^5D_4 \rightarrow {}^7F_J$
($J = 6$、5、4、3)跃迁。绿光发射主要来源于546 nm处的特征峰。从图9-3
(e)可知,HA-Tb墨水的荧光寿命衰减曲线展现了单指数衰减的行为,说明
Tb^{3+}的配位环境是均一的,寿命为283.91 μs(λ_{em} = 546 nm)。如图9-3
(d)所示,在394 nm光激发下,HA-Eu墨水分别在592 nm、618 nm和697 nm
处展现出了3个特征峰,分别对应于$^5D_0 \rightarrow {}^7F_J$($J$ = 1、2、4)跃迁。红光发射

主要来源于 618 nm 处的特征峰。如图 9 – 3(f)所示,HA – Eu 墨水的荧光寿命衰减曲线展现了单指数衰减的行为,说明 Eu^{3+} 的配位环境是均一的,寿命为 126.06 μs(λ_{em} = 618 nm)。此外,HA – Tb 和 HA – Eu 的荧光量子产率分别为 5.3% 和 2.1%。

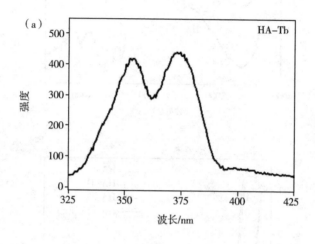

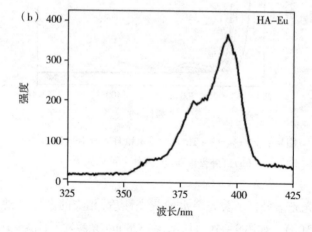

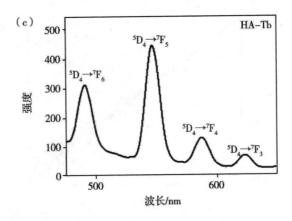

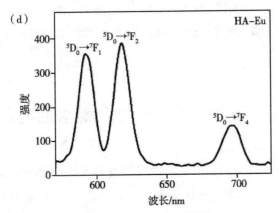

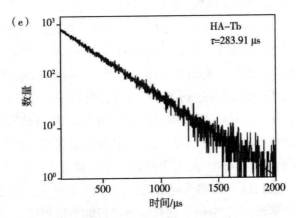

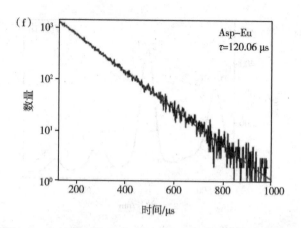

图9-3 （a）HA-Tb和（b）HA-Eu的激发光谱；（c）HA-Tb
和（d）HA-Eu的荧光发射光谱；（e）HA-Tb和（f）HA-Eu的荧光寿命衰减曲线

9.3 透明质酸/稀土基荧光墨水的防伪应用

具有优异荧光性能的不可见的透明溶液可以直接作为荧光墨水。如图
9-4所示，选择没有背景荧光的纸张和笔刷，以HA-Tb和HA-Eu作为荧
光墨水，可获得较好的荧光图案，这些图案在日光下不可见，在紫外光下却
清晰可见。图9-4（c）和图9-4（d）是英文字母和一朵花，这表明HA-Ln
复合材料可以用作隐形荧光墨水直接用于防伪。为了提高荧光墨水的防伪
水平，笔者设计了双重和三重加密策略。如图9-4（e）所示，"luminescent
inks"一词通过字母乱序进行双重加密，被写成"lumiinneksscent"，
"luminescent"部分是用HA-Tb墨水书写的，而"ink"部分是用HA-Eu墨
水书写的。加密信息在日光下不可见，在紫外光下无意义。然而，只有在紫
外光下，经过正确调整字母顺序，真实的信息才能被解密。如图9-4（f）所
示，二维码图案是用HA-Tb墨水绘制的，在日光下不可见，但在紫外光下可
以清楚地看到二维码，而加密的信息只能通过智能手机扫描识别。此外，借
助ASCII二进制码，实现了信息的三重加密。如图9-4（g）所示，利用HA-
Tb（绿色荧光点）和HA-Eu（红色发光点）作为荧光墨水，生成了双色微阵
列。其中绿色荧光点代表"1"，红色荧光点代表"0"。在这种情况下，日光下

看不到任何信息,真正的信息需要三步才能解密。首先,在紫外光下可以看到不同发光颜色的荧光点。其次,将不同发光颜色的荧光点分别转换成数字"1"或"0"。最后,根据 ASCII 二进制码,将得到的二进制码转化为对应的单词"China"。综上所述,多重加密策略有利于提高信息的安全性。

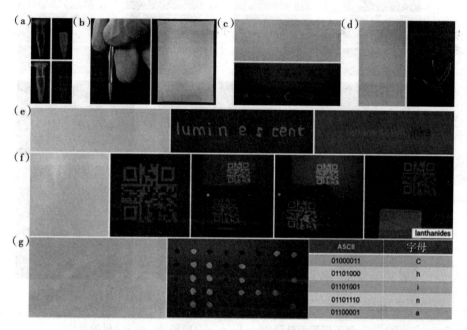

图 9 - 4　(a)采用透明的 HA - Tb 和 HA - Eu 作为荧光墨水;(b)毛笔及纸张的照片;(c)在日光和紫外光下英文字母的照片;(d)以 HA - Eu 为墨水绘制花朵,HA - Tb 为墨水绘制叶和茎;(e)通过字母乱序对"luminescent ink"进行加密;(f)采用二维码对信息进行加密和解密;(g)采用 ASCII 二进制码对"China"进行加密

荧光墨水的光稳定性和黏附力对它们的实际应用很重要。因此,以"HA - Tb"为例,研究荧光墨水的光稳定性和黏附力。如图 9 - 5(a)所示,经过紫外光照射 12 h,"HA - Tb"图案依然清晰可见。在不同条件(不同有机溶剂、不同湿度、不同温度、摩擦以及折皱)下,图案仍然能够保持完整,并且荧光强度也没有明显的变化。此外,该荧光墨水还可用作胶水,能承受 1 kg 的质量,如图 9 - 6(a)所示。另外,该墨水也可以附着在不同的基底上,如图 9 - 6(b)所示。这些结果进一步证明了该荧光墨水具有良好的黏附力。此外,该荧光墨水还可以在不同的基底表面进行书写,如图 9 - 6(c)和图 9 - 6

(d)所示。

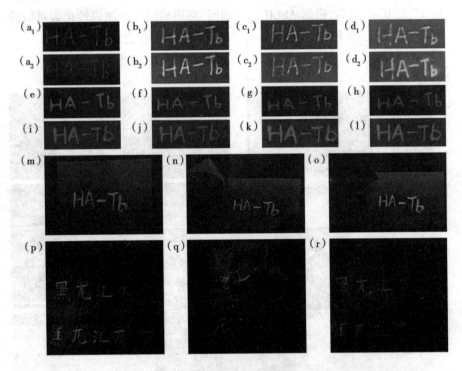

图9-5　HA-Tb在紫外光照射12 h(a_1)前和(a_2)后的照片；

HA-Tb经不同溶剂处理24 h(b_1、c_1、d_1)前和(b_2、c_2、d_2)后的照片

(b为石油醚,c为乙醇,d为N,N二甲基甲酰胺)；HA-Tb在不同湿度下放置0.5 h的

照片(e)初始状态、(f)16%、(g)43%、(h)98%；HA-Tb在100 ℃条件下放置不同

时间的照片(i)0 min、(j)10 min、(k)20 min、(l)30 min；HA-Tb摩擦

50次的照片(m)初始状态、(n)橡皮、(o)砂纸；纸张折皱前后的数码照片(p~r)

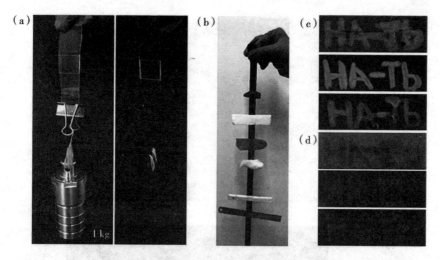

图9-6　(a)HA-Tb 的黏附性能实验;(b)HA-Tb 在不同基底间的黏附性能的照片;
(c)HA-Tb 和(d)HA-Eu 在不同基底表面书写的照片(木材、墙壁和石英片)

　　众所周知,发光颜色可以通过三原色(红、绿、蓝)来调节。因此,Tb-Eu
共掺杂材料的发光颜色可以通过改变 Tb^{3+} 和 Eu^{3+} 的物质的量比来调控。
当 Tb^{3+} 和 Eu^{3+} 的物质的量比为 1.5∶1 时,可以得到黄色荧光墨水,该黄色荧
光墨水也可作为荧光防伪墨水,如图 9-7(a)和图 9-7(b)所示。HA-
$(Tb_{1.5}Eu_1)$ 的激发光谱和荧光发射光谱如图 9-7(c)和图9-7(d)所示。在
378 nm 光激发下,在 HA-$(Tb_{1.5}Eu_1)$ 的荧光发射光谱中,可以同时看到
Tb^{3+} ($^5D_4 \rightarrow {}^7F_5$)和 Eu^{3+} ($^5D_0 \rightarrow {}^7F_2$)的特征峰。相应的荧光寿命衰减曲线表
明,HA-$(Tb_{1.5}Eu_1)$ 中 $^5D_4$ 和 $^5D_0$ 的荧光寿命分别为 230.40 μs(λ_{em} =
546 nm)和128.19 μs(λ_{em} = 618 nm),如图 9-7(e)和图 9-7(f)所示。
HA-$(Tb_{1.5}Eu_1)$ 的荧光量子产率为 3.7%。

(a)

(b)

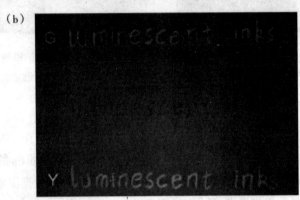

(c)

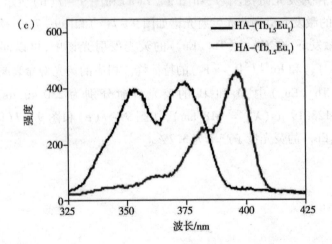

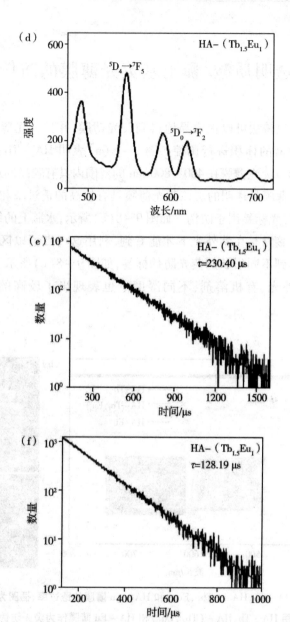

图 9-7　使用 HA－Tb、HA－Eu 和 HA－$(Tb_{1.5}Eu_1)$ 书写"luminescence inks"的照片
(a)日光、(b)紫外光;(c)HA－$(Tb_{1.5}Eu_1)$的激发光谱(λ_{em} = 546 nm 黑线,λ_{em} = 618 nm 红线);
(d)HA－$(Tb_{1.5}Eu_1)$的荧光发射光谱(λ_{ex} = 378 nm);HA－$(Tb_{1.5}Eu_1)$的荧光寿命衰减曲线
(e)λ_{em} = 546 nm,λ_{ex} = 378 nm、(f)λ_{em} = 618 nm,λ_{ex} = 378 nm

9.4 透明质酸/稀土基荧光薄膜的防伪应用

采用溶液浇铸法可以很容易地得到荧光薄膜,并且荧光薄膜的透明性可以通过浇铸液的体积进行调控。图 9 - 8(a) 表明 HA - Tb、HA - Eu 和 HA - (Tb$_{1.5}$Eu$_1$)荧光薄膜在 400 ~ 800 nm 的范围内具有较高的透过率,插图同样表明这些薄膜是透明的。该荧光薄膜具有较高的透过率和较强的发光性能,可用作荧光标签用于防伪。如图 9 - 8(b)所示,水瓶上的绿色、红色和黄色的荧光标签只有在紫外光下才能看到,利用这一点可以区分真伪。通过裁剪可以得到不同形状的荧光防伪标签,如图 9 - 8(c)所示。此外,该荧光薄膜在紫外光、有机溶剂、不同湿度下也表现出了较高的稳定性(图 9 - 9)。

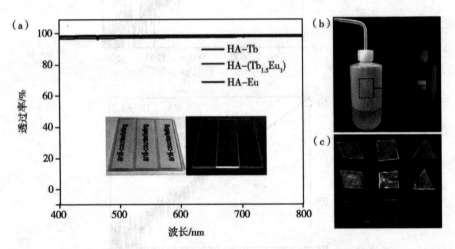

图 9 - 8　(a)HA - Tb、HA - (Tb$_{1.5}$Eu$_1$) 和 HA - Eu 薄膜的透过率,插图为相应的照片;
(b)采用 HA - Tb、HA - (Tb$_{1.5}$Eu$_1$) 和 HA - Eu 薄膜作为荧光防伪标签;
(c)各种形状的荧光防伪标签

图 9 – 9　(a)HA – Tb 经紫外光照射 12 h 前(上)后(下)的照片;

(b)HA – Tb 在不同溶剂中浸泡 24 h 前(上)后(下)的照片,

从左到右依次是石油醚、乙醇和 N,N – 二甲基甲酰胺;

(c)HA – Tb 在不同湿度下放置 0.5 h 前(上)后(下)的照片

9.5　本章小结

基于 HA 与稀土离子之间的配位作用,成功制备了发绿光、红光以及黄光的荧光墨水,可直接用于防伪。双重和三重加密策略有利于提高防伪水平。此外,通过溶液浇铸法制备的荧光薄膜具有较高的透明性,可作为荧光标签用于防伪。

第 10 章 环保型稀土基荧光材料的制备及防伪

本章以天门冬氨酸(Asp)为配体,将其与 Tb^{3+} 和 Eu^{3+} 在水中进行配制及干燥,获得荧光粉末。将制备的荧光粉末以不同浓度溶解于水中,可分别得到荧光墨水和荧光水凝胶,二者均可用于防伪。此外,将荧光粉末掺杂到聚乙烯醇(PVA)基质中制备得到荧光薄膜,该薄膜可用作荧光防伪标签。

10.1 稀土基荧光材料的制备

10.1.1 实验试剂

本章所使用的试剂为 Asp(133.10 g · mol^{-1})、PVA(0588 低黏度型)、$TbCl_3 · 6H_2O$(373.38 g · mol^{-1})、$EuCl_3 · 6H_2O$(366.41 g · mol^{-1})。

10.1.2 表征方法

采用红外光谱仪、X 射线光电子能谱仪、荧光光谱仪、磷光光谱仪对所制备的材料进行测试。细胞毒性测试采用 MTT 法测定 HeLa 细胞的细胞活力。将 HeLa 细胞接种于 96 孔板中,并在 MTT 实验前进行培养。然后将其与不同浓度的 Asp – Tb(0.0013 g · mL^{-1}、0.0025 g · mL^{-1}、0.005 g · mL^{-1}、0.01 g · mL^{-1} 和 0.02 g · mL^{-1})培养 24 h 进行测试。

10.1.3　制备方法

将 Asp(0.02 g,0.15 mmol)和 NaOH(0.01 g,0.25 mmol)分别溶于 20 μL乙醇和 20 μL 去离子水中。将 $TbCl_3 \cdot 6H_2O$(0.04 g,0.10 mmol)溶于 20 μL 去离子水中,形成透明溶液。在 Asp 和 NaOH 的混合溶液中加入 $TbCl_3$ 水溶液,室温搅拌,得到 Asp – Tb 溶液,经真空干燥后,得到 Asp – Ln 粉末。Asp – Ln 的制备工艺如图 10 – 1(a)所示。用同样的方法制备了 Asp – Eu、Asp – $Tb_x Eu_y$(x/y = 9/1、8/2、6/4、4/6)和 Asp – Gd 复合材料。Asp、NaOH、Ln^{3+} 的物质的量比为 3∶5∶2。在去离子水中加入 Asp – Ln 粉末制备了荧光墨水和水凝胶。Asp – Ln 墨水和 Asp – Ln 水凝胶的质量浓度分别为 0.08 g·mL^{-1}和 3.37 g·mL^{-1},如图 10 – 1(b)所示。如图 10 – 1(c)所示,采用溶液浇铸法制备了 PVA/Asp – Ln 荧光薄膜。将 PVA(0.05 g)和 Asp – Ln(0.08 g)溶于 1.00 mL 去离子水中搅拌,然后将溶液平铺在载玻片上静置 12 h,得到 PVA/Asp – Ln 薄膜。

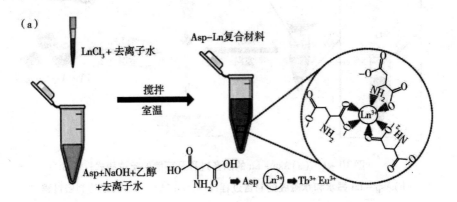

（a）

LnCl₃ + 去离子水

搅拌
室温

Asp–Ln复合材料

Asp+NaOH+乙醇
+去离子水

⇒Asp　Ln³⁺　⇒Tb³⁺ Eu³⁺

(b)

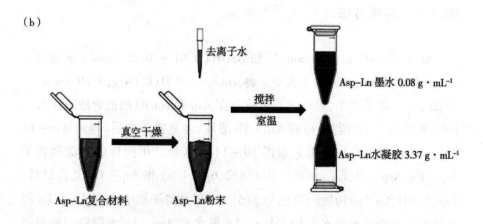

(c)

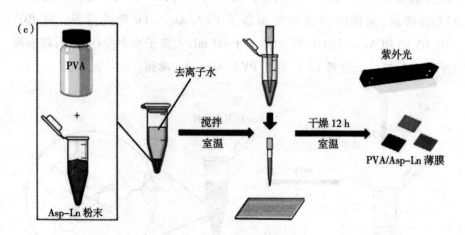

图 10 – 1 (a)Asp – Ln 的制备过程及可能的配位模式;
(b)Asp – Ln 墨水和水凝胶的制备过程;(c)PVA/Asp – Ln 薄膜的制备过程

10.2 稀土基荧光材料的表征

通过 Asp 与 Ln³⁺ 的配位得到了 Asp – Ln 复合材料。如图 10 – 2 所示,
对于 Asp, – COOH 基团的伸缩振动位于 1691 cm⁻¹ 和 1649 cm⁻¹。—COOH

基团的弯曲振动位于 656 cm^{-1}。—NH$_2$基团的剪切振动和摇摆振动分别位于 1608 cm^{-1}和 1516 cm^{-1}。而对于 Asp – Tb 和 Asp – Eu,—COOH 基团的伸缩振动消失,—COOH 基团的弯曲振动峰仍然存在(Asp – Tb 为 667 cm^{-1},Asp – Eu 为 664 cm^{-1})。Asp – Tb 和 Asp – Eu 中—NH$_2$基团的摇摆振动消失。FT – IR 结果表明,Asp 的—COOH 和—NH$_2$基团与 Ln^{3+}配位。此外,笔者利用 XPS 进一步表征了 Asp 与稀土离子之间的配位键的形成。如图 10 – 3(a)所示,Asp 的 O 1s 光谱拟合出两个峰,分别对应 C—O(531.9 eV)和 C =O(530.8 eV)。如图 10 – 3(b)和 10 – 3(c)所示,Asp – Tb 和 Asp – Eu 的 O 1s 谱在 530.2 eV 和 530.7 eV 处产生了两个新的峰,分别归属于 O—Tb 和 O—Eu 配位键。如图 10 – 3(d)所示,Asp 的 N 1s 光谱对应于—NH$_3^+$(400.7 eV)。对于 Asp – Tb,401.1 eV 处的峰对应于—NH$_2$,399.2 eV处的峰对应于 N—Tb,如图 10 – 3(e)所示。同样,对于 Asp – Eu,401.4 eV 处的峰对应于—NH$_2$,399.4 eV 处的峰对应于 N—Eu,如图 10 – 3(f)所示。FT – IR 和 XPS 结果均证实了 Asp 与 Ln^{3+}配位,与文献一致。因此,Asp – Ln 可能的配位方式如图 10 –1(a)所示。

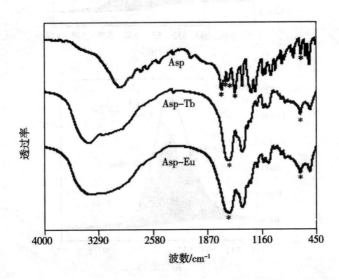

图 10 – 2　Asp、Asp – Tb 和 Asp – Eu 的红外光谱

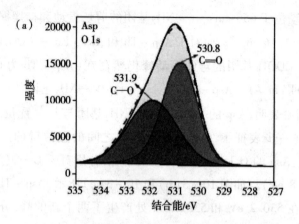

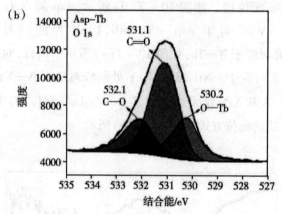

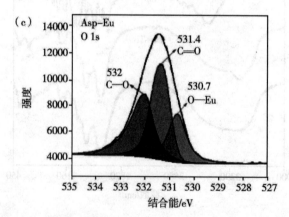

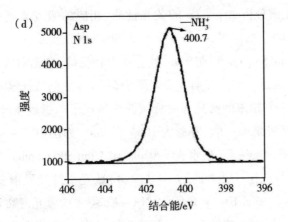

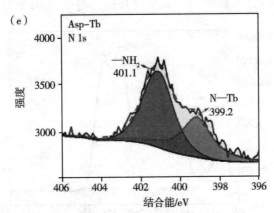

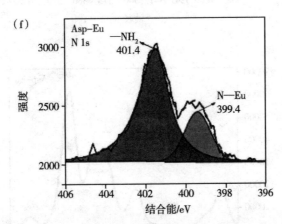

图 10 - 3　（a）Asp、（b）Asp - Tb 和（c）Asp - Eu 的 XPS O 1s 谱；
（d）Asp、（e）Asp - Tb 和（f）Asp - Eu 的 XPS N 1s 谱

利用荧光光谱分析 Asp－Ln 的荧光性质,相应的激发光谱见图 10－4 (a)和图 10－4(b)。如图 10－4(c)所示,在 368 nm 光激发下,Asp－Tb 墨水在 488 nm、543 nm、583 nm 和 618 nm 处有 4 个特征峰,分别对应于 $^5D_4 \rightarrow {}^7F_J$($J = 6、5、4、3$)跃迁。绿光发射主要来源于 543 nm 处的特征峰。从图 10－4(e)可知,Asp－Tb 粉末的荧光寿命衰减曲线展现了单指数衰减的行为,说明 Tb^{3+} 的配位环境是均一的,寿命为 1064.97 μs。如图 10－4(d)所示,在 395 nm 光激发下,Asp－Eu 墨水在 590 nm、613 nm 和 695 nm 处展现出了 3 个特征峰,分别对应于 $^5D_0 \rightarrow {}^7F_J$($J = 1、2、4$)跃迁。红光发射主要来源于 613 nm 的特征峰。如图 10－4(f)所示,HA－Eu 墨水的荧光寿命衰减曲线展现了单指数衰减的行为,说明 Eu^{3+} 的配位环境是均一的,寿命为 324.22 μs。

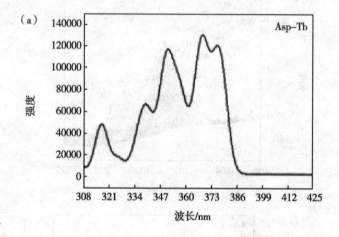

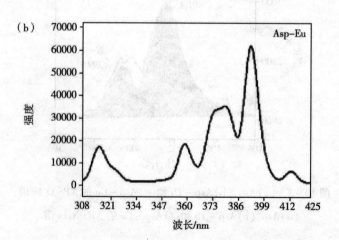

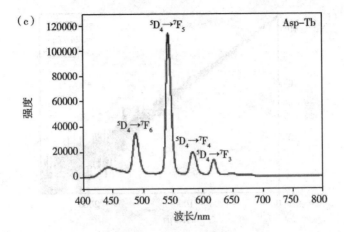

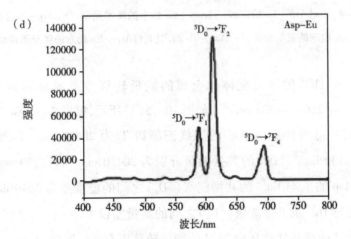

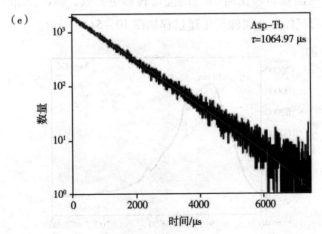

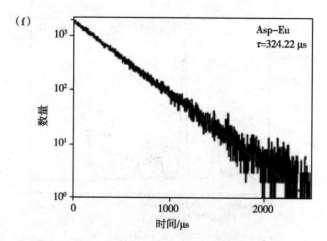

图10-4 （a）Asp-Tb 粉末和（b）Asp-Eu 粉末的激发光谱；（c）Asp-Tb 粉末和
（d）Asp-Eu 粉末的发射光谱；（e）Asp-Tb 粉末和（f）Asp-Eu 粉末的荧光寿命衰减曲线

Eu^{3+} 和 Tb^{3+} 的有效配体到金属的能量转移差范围分别为 $2500 \sim 4000 \ cm^{-1}$ 和 $2500 \sim 4500 \ cm^{-1}$。如图 $10-5(a)$ 所示，根据 Asp-Gd 在 77 K 下的磷光光谱可计算出 Asp 的三线态能级 T_1 为 $20499 \ cm^{-1}$（489 nm）。$Tb^{3+}(^5D_4)$ 和 $Eu^{3+}(^5D_0)$ 的共振能级分别为 $20430 \ cm^{-1}$ 和 $17250 \ cm^{-1}$。由此可见，Asp 的 T_1 与 Eu^{3+} 的共振能级（$^5D_0$）之间的能量差为 $3249 \ cm^{-1}$，而 Asp 的 T_1 与 Tb^{3+} 的共振能级（$^5D_4$）之间的能量差仅为 $69 \ cm^{-1}$，这意味着从 Asp 向 Eu^{3+} 的能量转移比向 Tb^{3+} 的能量转移更有效。因此，Asp-Ln 复合材料中可能的配体-金属能量传递过程如图 $10-5(b)$ 所示。

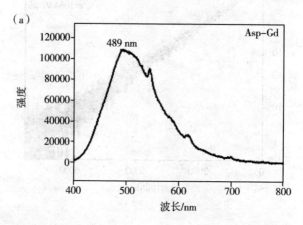

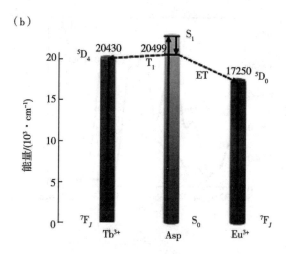

图 10 – 5 （a）Asp – Gd 在 77 K 时的磷光光谱；
（b）配体 – 金属能量转移示意图（ET：能量转移）

通过调节 Tb^{3+} 与 Eu^{3+} 的物质的量比，可以获得具有不同发射颜色的 Asp – Tb_xEu_y 材料，如图 10 – 6（a）所示。Asp – Tb_8Eu_2 的激发光谱如图 10 – 6 （b）所示。在 376 nm 光激发下 Asp – Tb_xEu_y 粉末对应的发射光谱如图 10 – 6 （c）所示。在 Tb – Eu 共掺杂材料中，在 543 nm 处检测到 Tb^{3+}（$^5D_4{\to}^7F_5$）的特征峰，613 nm 处检测到 Eu^{3+}（$^5D_0{\to}^7F_2$）的特征峰。此外，Asp – Tb_xEu_y 粉末的发射颜色与 CIE 色度图一致，如图 10 – 6（d）所示。

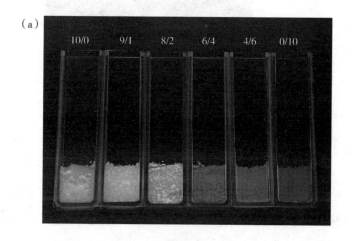

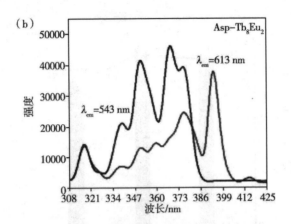

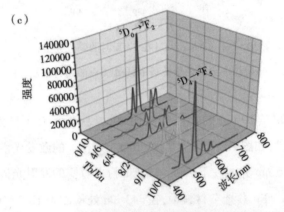

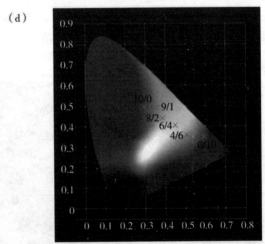

图 10 - 6　（a）Asp - Tb$_x$Eu$_y$ 粉末在紫外光下的照片；（b）Asp - Tb$_8$Eu$_2$ 的激发光谱；
（c）Asp - Tb$_x$Eu$_y$ 粉末的发射光谱；（d）Asp - Tb$_x$Eu$_y$ 粉末的 CIE 色度图

10.3 荧光墨水与荧光水凝胶的防伪应用

由于 Asp – Tb$_x$Eu$_y$ 粉末具有良好的水溶性,因此可以将相应的荧光粉末溶解在水中进行功能化制备防伪墨水。所得到的荧光防伪墨水可以填充于笔中,便于书写,如图 10 – 7(a)所示。相比于使用有机溶剂制备的荧光墨水,水溶性防伪粉末更有利于实际应用,并符合当今对环保防伪材料的需求。此外,现用现制墨水还能有效避免挥发,便于储存和运输。如图 10 – 7 (b)所示,用 Asp – Tb 墨水书写"2022",其余用 Asp – Eu 墨水书写。在日光下什么也看不见,但在紫外光下,用绿色 Asp – Tb 墨水书写的真实信息"2022"清晰可见。这表明,Asp – Ln 墨水的多色组合是一种有效的信息加密策略。如图 10 – 7(c)所示,"shared future"一词被双重加密并打印为"sfhuatruerde",其中"shared"是用 Asp – Tb 墨水书写的,"future"是用 Asp – Eu 墨水书写的。编码的信息在日光下不可见,而在紫外光下是可见的。只有当字母在紫外光下正确排列时,才能分辨出真实的信息。如图 10 – 7(d)所示,用 Asp – Tb 墨水创建了一个二维码图案。在日光下无法显示任何信息。真实信息"chemistry"只有在紫外光下用智能手机扫描并识别二维码才能读取出来。此外,笔者采用 ASCII 二进制码可以实现三重加密,图 10 – 7 (e)所示。采用 Asp – Tb 墨水和 Asp – Eu 墨水制备双色微阵列,在日光下显示出微弱可见的白点,无法获得任何信息,而在紫外光下可见绿色荧光点和红色荧光点,分别表示"0"和"1"。在这种情况下,解密需要三个步骤。第一,在紫外光下可以观察到荧光点。第二,将绿色和红色荧光点分别转变为"0"和"1"。第三,根据 ASCII 二进制码解密对应的单词"TRUE"。以上结果表明,合理设计多种防伪策略可以有效提高防伪水平。

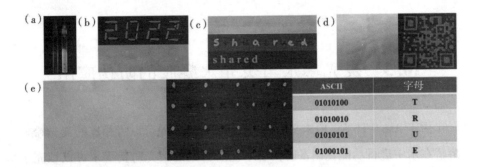

图 10 - 7　(a)在紫外光照射下,用 Asp - Eu(红色)和 Asp - Tb(绿色)墨水
填充笔的照片;(b)数字"2022";(c)"shared future"的双重加密;
(d)通过二维码加密"chemistry";(e)用 ASCII 二进制码加密"TRUE"

　　此外,与 Asp - Ln 墨水相比,Asp - Ln 水凝胶具有更高的黏附能力以及
更广泛的应用。将高浓度的 Asp - Ln 粉末溶于水中,可得到 Asp - Ln 水凝
胶。因此,Asp - Ln 水凝胶也可作为高黏度荧光墨水。Asp - Ln 水凝胶的形
成可通过倒置法证明,如图 10 - 8(a)和图 10 - 8(b)所示。Asp - Tb 水凝胶
和 Asp - Eu 水凝胶在放置 30 天后仍表现出良好的稳定性,如图 10 - 8(c)
所示。

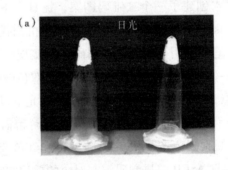

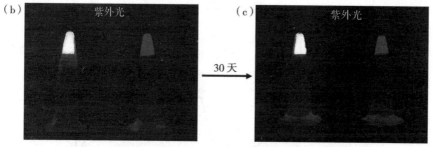

图 10-8　Asp-Ln 水凝胶在(a)日光和(b)紫外光下的照片；
(c)Asp-Ln 水凝胶放置 30 天后在紫外光下的照片

Asp-Tb 水凝胶和 Asp-Eu 水凝胶的激发光谱和发射光谱如图 10-9 (a~d)所示，与相应粉末的光谱类似。从寿命衰减曲线可以看出，Asp-Tb 水凝胶和 Asp-Eu 水凝胶都表现出单指数行为，如图 10-9(e) 和图 10-9 (f)所示。此外，根据 Asp-Tb 水凝胶和 Asp-Eu 水凝胶在 H_2O 和 D_2O 环境中的寿命衰减曲线，确定 Asp-Tb 和 Asp-Eu 的配位水分子数分别为 2.54 和 1.98，如图 10-9(e~h)所示。如图 10-10 所示，Asp-Tb 水凝胶可以用毛笔在不同的基底上书写，如铝箔、皮革和烧杯。因此，Asp-Ln 水凝胶由于其优异的黏附能力，更适合于墨水难以黏附的基底。

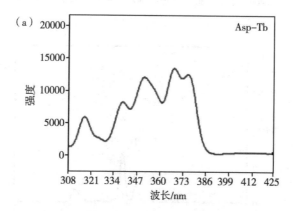

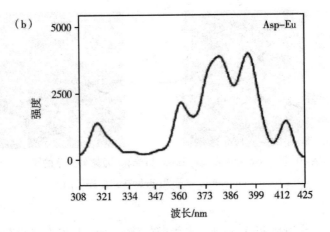

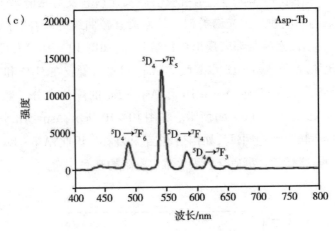

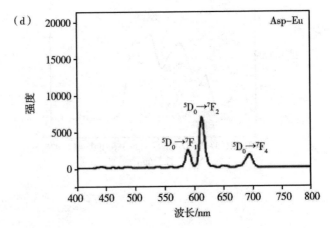

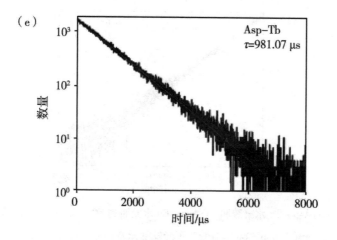

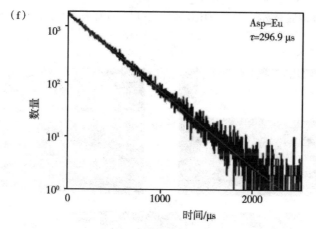

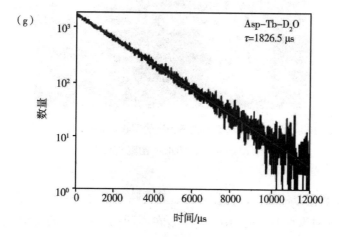

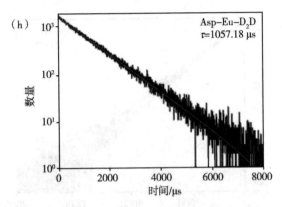

图 10 - 9　(a) Asp - Tb 水凝胶和(b) Asp - Eu 水凝胶的激发光谱;(c) Asp - Tb 水凝胶
和(d) Asp - Eu 水凝胶的荧光发射光谱;Asp - Tb 水凝胶
和 Asp - Eu 水凝胶分别在(e)、(f) H₂O 和(g)、(h) D₂O 环境下的荧光寿命衰减曲线

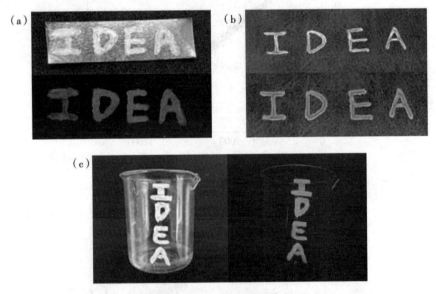

图 10 - 10　在日光和紫外光下拍摄的写在(a)铝箔、(b)皮革
和(c)烧杯上的"IDEA"图案的照片

　　水凝胶和墨水的稳定性与黏附力是其实际应用的关键。如图 10 - 11 所示,用水凝胶和墨水书写的"IDEA"图案在不同的条件(温度、湿度、紫外光照射和有机溶剂)下,其发光性能没有明显的变化。这表明,Asp - Ln 墨水和

水凝胶具有良好的稳定性和黏附力。此外,如图 10 - 12(a ~ f)所示,用水凝胶书写在聚丙烯无纺布上的"IDEA"图案在各种粗加工(卷曲、扭曲、水平拉伸、垂直拉伸、揉捏、折叠)下,其完整性和发光性能也没有明显变化。笔者采用 MTT 法检测 Asp - Tb 墨水对细胞活力的影响。如图 10 - 12(g)所示,即使在 0.02 g · mL^{-1}的高浓度下,HeLa 细胞的存活率仍高于 90%,说明 Asp - Tb 墨水具有低毒性和良好的生物相容性,对人类健康和环境保护具有重要意义。

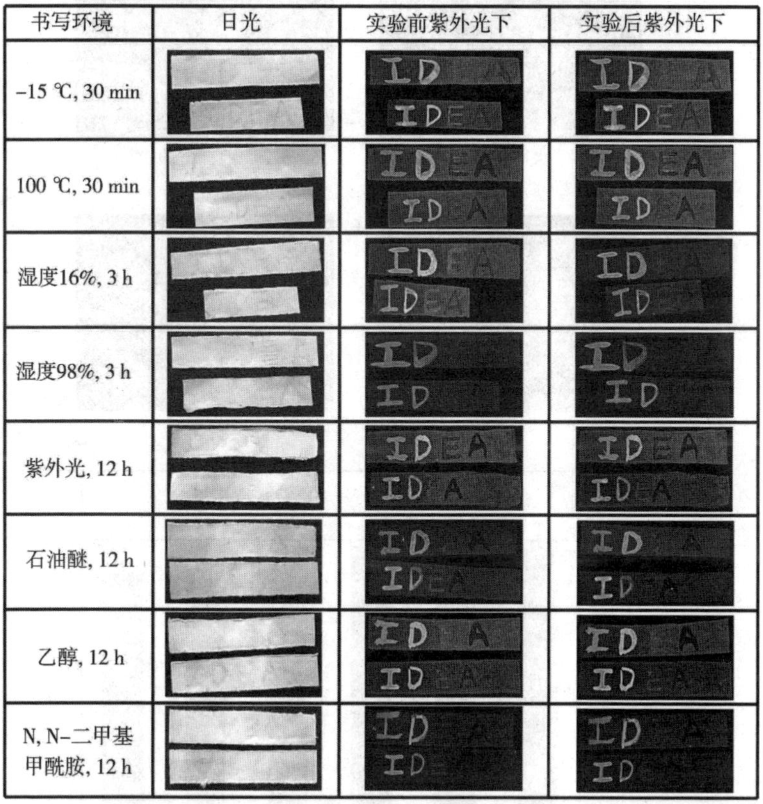

书写环境	日光	实验前紫外光下	实验后紫外光下
-15 ℃, 30 min			
100 ℃, 30 min			
湿度16%, 3 h			
湿度98%, 3 h			
紫外光, 12 h			
石油醚, 12 h			
乙醇, 12 h			
N, N-二甲基甲酰胺, 12 h			

图 10 - 11　Asp - Ln 墨水及 Asp - Ln 水凝胶的稳定性实验

上面的"IDEA"用 Asp - Ln 墨水书写,下面的"IDEA"用 Asp - Ln 水凝胶书写

("I"用 Asp - Tb,"D"用 Asp - Tb$_8$Eu$_2$,"E"用 Asp - Tb$_4$Eu$_6$,"A"用 Asp - Eu)

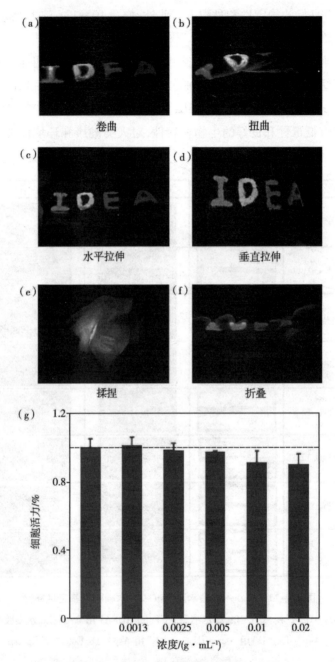

图 10 - 12　用 Asp - Ln 水凝胶写在聚丙烯无纺布上的"IDEA"图案
在(a)卷曲、(b)扭曲、(c)水平拉伸、(d)垂直拉伸、
(e)揉捏、(f)折叠条件下的黏附力;(g)MTT 法测定 HeLa 细胞的活力

10.4　荧光薄膜的防伪应用

以 PVA 和 Asp－Ln 荧光粉末为原料,采用溶液浇铸法制备了 PVA/ Asp－Ln荧光薄膜。结果表明,具有各种发射颜色的薄膜可以直接用作荧光防伪标签。如图 10－13(a)和图 10－13(b)所示,在紫外光照射下,可以清晰地观察到绿、黄、红三种颜色,可以用来区分真假。此外,发光薄膜表现出13.9 MPa 的高抗拉强度,有利于长期使用,图 10－13(c)所示。

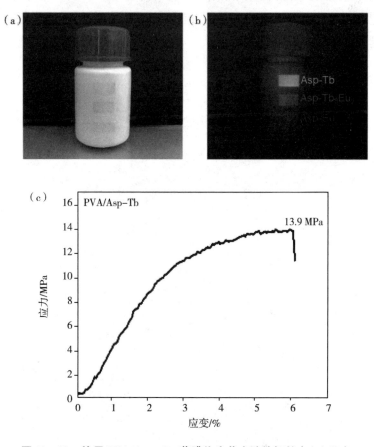

图 10－13　使用 PVA/Asp－Ln 薄膜作为荧光防伪标签在(a)日光和(b)紫外光下的照片;(c)PVA/Asp－Ln 薄膜的拉伸试验结果

10.5　本章小结

通过 Asp 与稀土盐的配位制备了基于稀土离子的环保型荧光防伪材料。通过调节 Tb^{3+} 与 Eu^{3+} 的物质的量比,可以得到具有丰富发光颜色的荧光粉末。通过将不同浓度的粉末溶解在水中,可以制备荧光防伪墨水和水凝胶。该荧光墨水和水凝胶具有良好的稳定性、高黏附力和低毒性。此外,将 Asp – Ln 粉末掺杂到 PVA 基质中,可制得荧光薄膜并用作荧光防伪标签。合理设计和应用多种防伪策略,有利于提高防伪水平。该研究为制备环境友好型荧光材料提供了一种可行的方法,在鉴别、信息加密、书写和印刷等领域具有良好的应用前景。

参考文献

[1] YU X W, ZHANG H Y, YU J H. Luminescence anti – counterfeiting: From elementary to advanced[J]. Aggregate, 2021, 2(1):20 – 34.

[2] RAYAMAJHJ S, MARCHITTO J, NGUYEN T D T, et al. pH – responsive cationic liposome for endosomal escape mediated drug delivery[J]. Colloids and Surfaces B: Biointerfaces, 2020, 188:110804.

[3] WEI H B, SHI N, ZHANG J L, et al. pH – responsive inorganic – organic hybrid supramolecular hydrogels with jellyfish – like switchable chromic luminescence[J]. Chemical Communications, 2014, 50(66):9333 – 9335.

[4] ZHANG C Q, LI Y W, XUE X D, et al. A smart pH – switchable luminescent hydrogel [J]. Chemical Communications, 2015, 51 (20): 4168 – 4171.

[5] FRANKE M, LEUBNER S, DUBAVIK A, et al. Immobilization of pH – sensitive CdTe quantum dots in a poly(acrylate) hydrogel for microfluidic applications[J]. Nanoscale Research Letters, 2017, 12(1):314.

[6] LI B, QIN Y, LI Z Q, et al. Smart luminescent hydrogel with superior mechanical performance based on polymer networks embedded with lanthanide containing clay nanocomposites[J]. Nanoscale, 2021, 13(26): 11380 – 11386.

[7] LI P, ZHANG D, ZHANG Y C, et al. Aggregation – caused quenching – type naphthalimide fluorophores grafted and ionized in a 3D polymeric hydrogel network for highly fluorescent and locally tunable emission[J]. ACS Macro Letters, 2019, 8(8):937 – 942.

[8]LE X X, LU W, HE J, et al. Ionoprinting controlled information storage of fluorescent hydrogel for hierarchical and multidimensional decryption[J]. Science China Materials, 2019, 62(6):831 – 839.

[9]CHENG C G, XING M, WU Q L. Green synthesis of fluorescent carbon dots/hydrogel nanocomposite with stable Fe^{3+} sensing capability[J]. Journal of Alloys Compounds, 2019, 790:221 – 227.

[10] WANG L, SHI X F, WANG J B. A temperature – responsive supramolecular hydrogel: Preparation, gel – gel transition and molecular aggregation[J]. Soft Matter, 2018, 14(16):3090 – 3095.

[11]LI Z Q, WANG G N, WANG Y G, et al. Reversible phase transition of robust luminescent hybrid hydrogels[J]. Angewandte Chemie International Edition, 2018, 130(8):2216 – 2220.

[12]ZHU Q D, VLIET K V, HOLTEN – ANDERSEN N, et al. A double – layer mechanochromic hydrogel with multidirectional force sensing and encryption capability [J]. Advanced Function Materials, 2019, 29 (14):1808191.

[13] WENG G S, THANNEERU S, HE J. Dynamic coordination of Eu – iminodiacetate to control fluorochromic response of polymer hydrogels to multistimuli[J]. Advanced Materials, 2018, 30(11):1706526.

[14] ZHU Q D, ZHANG L H, VLIET K V, et al. White light – emitting multistimuli – responsive hydrogels with lanthanides and carbon dots[J]. ACS Applied Materials and Interfaces, 2018, 10(12):10409 – 10418.

[15]ZHOU Q, DONG X L, XIONG Y X, et al. Multi – responsive lanthanide – based hydrogel with encryption, naked eye sensing, shape memory, self – healing, and antibacterial activity [J]. ACS Applied Materials and Interfaces 2020, 12(25):28539 – 28549.

[16]LI M, LI W J, CAI W, et al. A self – healing hydrogel with pressure sensitive photoluminescence for remote force measurement and healing assessment[J]. Materials Horizons, 2019, 6(4):703 – 710.

[17]YANG J, CHEN M, LI P, et al. Self – healing hydrogel containing Eu – polyoxometalate as acid – base vapor modulated luminescent switch[J].

Sensors and Actuators B:Chemical, 2018, 273:153 –158.

[18] ZHANG Y D Y, DING Z Y, LIU Y, et al. White – light – emitting hydrogels with self – healing properties and adjustable emission colors[J]. Journal of Colloid and Interface Science, 2021, 582:825 –833.

[19] JIAN Y K, LE X X, ZHANG Y C, et al. Shape memory hydrogels with simultaneously switchable fluorescence behavior [J]. Macromolecular Rapid Communications, 2018, 39(12):1800130.

[20] ZHU C N, BAI T W, WANG H, et al. Dual – encryption in a shape – memory hydrogel with tunable fluorescence and reconfigurable architecture [J]. Advanced Materials, 2021, 33(29):2102023.

[21] TANG L Y, LIAO S S, QU J Q. Metallohydrogel with tunable fluorescence, high stretchability, shape – memory, and self – healing properties[J]. ACS Applied Materials and Interfaces, 2019, 11 (29): 26346 –26354.

[22] TANG L Y, HUANG J T, ZHANG H, et al. Multi – stimuli responsive hydrogels with shape memory and self – healing properties for information encryption[J]. European Polymer Journal, 2020, 140(1):110061.

[23] LIN Z J, LUO F Q, DONG T Q, et al. Recyclable fluorescent gold nanocluster membrane for visual sensing of copper (Ⅱ) ion in aqueous solution[J]. Analyst, 2012, 137(10):2394 –2399.

[24] LIANG R Z, TIAN R, SHI W Y, et al. A temperature sensor based on CdTe quantum dots – layered double hydroxide ultrathin films *via* layer – by – layer assembly [J]. Chemical Communications, 2013, 49 (10): 969 –971.

[25] MA H Y, GAO R, YAN D P, et al. Organic – inorganic hybrid fluorescent ultrathin films and their sensor application for nitroaromatic explosives[J]. Journal of Materials Chemistry C, 2013, 1(26):4128 –4137.

[26] CHEN D J, CUI C Y, TONG N, et al. Water – soluble and low – toxic ionic polymer dots as invisible security ink for multistage information encryption[J]. ACS Applied Materials and Interfaces, 2019, 11 (1): 1480 –1486.

［27］ZHAO J W, ZHENG Y Y, PANG Y Y, et al. Graphene quantum dots as full – color and stimulus responsive fluorescence ink for information encryption［J］. Journal of Colloid and Interface Science, 2020, 579: 307 – 314.

［28］CHEN C L, YU Y, LI C G, et al. Facile synthesis of highly water – soluble lanthanide – doped t – $LaVO_4$ NPs for antifake ink and latent fingermark detection［J］. Small, 2017, 13(48):1702305.

［29］KUMAR P, SINGH S, GUPTA B K. Future prospects of luminescent nanomaterial based security inks: from synthesis to anti – counterfeiting applications［J］. Nanoscale, 2016, 8(30):14297 – 14340.

［30］BÜNZLI J C G, COMBY S, CHAUVIN A S, et al. New opportunities for Lanthanide Luminescence［J］. Journal of Rare Earths, 2007, 25 (3): 257 – 274.

［31］ELISEEVAA S V, BÜNZLI J C G. Lanthanide luminescence for functional materials and bio – sciences［J］. Chemical Society Reviews, 2010, 39 (1):189 – 227.

［32］HEFFERN M C, MATOSZIUK L M, MEADE T J. Lanthanide probes for bioresponsive imaging ［J］. Chemical Reviews, 2014, 114 (8): 4496 – 4539.

［33］ZHANG Y H, LI B, MA H P, et al. A nanoscaled lanthanide metal – organic framework as a colorimetric fluorescence sensor for dipicolinic acid based on modulating energy transfer［J］. Journal of Materials Chemistry C, 2016, 4(30):7294 – 7301.

［34］BEEBY A, CLARKSON I M, DICKINS R S, et al. Non – radiative deactivation of the excited states of europium, terbium and ytterbium complexes by proximate energy – matched OH, NH and CH oscillators: An improved luminescence method for establishing solution hydration states ［J］. Journal of the Chemical Society, Perkin Transactions 2, 1999(3): 493 – 503.

［35］SUTAR P, SURESH V M, MAJI T K. Tunable emission in lanthanide coordination polymer gels based on a rationally designed blue emissive gelator[J]. Chemical Communications, 2015, 51(48):9876 – 9879.

[36] MA Q M, ZHANG M, YAO C, et al. Supramolecular hydrogel with luminescence tunablility and responsiveness based on co – doped lanthanide and deoxyguanosine complex[J]. Chemical Engineering Journal, 2020, 394:124894.

[37] WEI S X, LU W, LE X X, et al. Bioinspired synergistic fluorescence – color – switchable polymeric hydrogel actuators[J]. Angewandte Chemie International Edition, 2019, 58(45):16243 – 16251.

[38] WANG M X, YANG C H, LIU Z Q, et al. Tough photoluminescent hydrogels doped with lanthanide [J]. Macromolecular Rapid Communications, 2015, 36(5):465 – 471.

[39] HU C, WANG M X, SUN L, et al. Dual – physical cross – linked tough and photoluminescent hydrogels with good biocompatibility and antibacterial activity [J]. Macromolecular Rapid Communications, 2017, 38 (10):1600788.

[40] LI Q F, DU X D, JIN L, et al. Highly luminescent hydrogels synthesized by covalent grafting of lanthanide complexes onto PNIPAM via one – pot free radical polymerization[J]. Journal of Materials Chemistry C, 2016, 4 (15):3195 – 3201.

[41] ZHU T Y, LIU R Y, PENG B, et al. Spontaneously self – regenerative hybrid luminescent hydrogel[J]. ACS Applied Polymer Materials, 2021, 3 (2):604 – 609.

[42] LI Z Q, CHEN H Z, LI B, et al. Photoresponsive luminescent polymeric hydrogels for reversible information encryption and decryption [J]. Advanced Science, 2019, 6(21):1901529.

[43] LI B, DING Z J, LI Z Q, et al. Simultaneous enhancement of mechanical strength and luminescence performance in double – network supramolecular hydrogels [J]. Journal of Materials Chemistry C, 2018, 6 (25): 6869 – 6874.

[44] YANG D Q, WANG Y G, LI Z Q, et al. Color – tunable luminescent hydrogels with tough mechanical strength and self – healing ability[J].

Journal of Materials Chemistry C, 2018, 6(5):1153 – 1159.

[45]LI Z Q, HOU Z H, FAN H X, et al. Organic – inorganic hierarchical self – assembly into robust luminescent supramolecular hydrogel [J]. Advanced Function Materials, 2017, 27(2):1604379.

[46]LI B, SONG Z H, ZHU K Y, et al. Multistimuli – responsive lanthanide – containing smart luminescent hydrogel actuator[J]. ACS Applied Materials and Interfaces, 2021, 13(17):20633 – 20640.

[47]YAO Y L, WANG Y G, LI Z Q, et al. Reversible on – off luminescence switching in self – healable hydrogels[J]. Langmuir, 2015, 31 (46): 12736 – 12741.

[48]MENG K, YAO C, MA Q M, et al. A reversibly responsive fluorochromic hydrogel based on lanthanide – mannose complex[J]. Advanced Science 2019, 6(10):1802112.

[49]ZHENG Y H, LI Y, TAN C L, et al. Anion responsive dibenzoyl – L – cystine and luminescent lanthanide soft material[J]. Photochemistry and Photobiology, 2011, 87(3):641 – 645.

[50]LORENZO M L D, COCCA M, AVELL M, et al. Down shifting in poly (vinyl alcohol) gels doped with terbium complex[J]. Journal of Colloid and Interface Science, 2016, 477:34 – 39.

[51]DRIESEN K, DEUN R V, GÖRLLER – WALRAND C, et al. Near – infrared luminescence of lanthanide calcein and lanthanide dipicolinate complexes doped into a silica – PEG hybrid material[J]. Chemistry of Materials, 2004, 16(8):1531 – 1535.

[52]QIU H Y, WEI S X, LIU H, et al. Programming multistate aggregation – induced emissive polymeric hydrogel into 3D structures for on – demand information decryption and transmission[J]. Advanced Intelligent Systems, 2021, 3(6):2000239.

[53]XU J, JIA L, JIN N Z, et al. Fixed – component lanthanide – hybrid – fabricated full – color photoluminescent films as vapoluminescent sensors [J]. Chemistry – A European Journal, 2013, 19(14):4556 – 4562.

[54]LI Y L, XU Y, WANG Y G. Preparation and properties of transparent

ultrathin lanthanide – complex films[J]. Chemistry – A European Journal, 2016, 22(31):10976 – 10982.

[55]YANG D Q, LIU D X, TIAN C K, et al. Flexible and transparent films consisting of lanthanide complexes for ratiometric luminescence thermometry[J]. Journal of Colloid and Interface Science, 2018, 519: 11 – 17.

[56]GAO Y X, YUA G, LIU K, et al. Luminescent mixed – crystal Ln – MOF thin film for the recognition and detection of pharmaceuticals[J]. Sensors and Actuators B:Chemical, 2018, 257:931 – 935.

[57]WANG Z L, MA Y, ZHANG R L, et al. Reversible luminescent switching in a $[Eu(SiW_{10}MoO_{39})_2]^{13-}$ – agarose composite film by photosensitive intramolecular energy transfer[J]. Advanced Materials, 2009, 21(17): 1737 – 1741.

[58]WANG X T, WANG J Q, TSUNASHIMA R, et al. Electrospun self – supporting nanocomposite films of $Na_9[EuW_{10}O_{36}] \cdot 32H_2O/PAN$ as pH – modulated luminescent switch[J]. Industrial and Engineering Chemistry Research, 2013, 52(7):2598 – 2603.

[59]DA LUZ L L, MILANI R, FELIX J F, et al. Inkjet printing of lanthanide – organic frameworks for anti – counterfeiting applications[J]. ACS Applied Materials and Interfaces, 2015, 7(49):27115 – 27123.

[60]UTOCHNIKOVA V V, GRISHKO A, VASHCHENKO A, et al. Lanthanide tetrafluoroterephthalates for luminescent ink – jet printing[J]. European Journal of Inorganic Chemistry, 2017, 48:5635 – 5639.

[61]SHEN J S, MAO G J, ZHOU Y H, et al. A ligand – chirality controlled supramolecular hydrogel [J]. Dalton Transactions, 2010, 39 (30): 7054 – 7058.

[62]LI J F, LI W Z, XIA D D, et al. Dynamic coordination of natural amino acids – lanthanides to control reversible luminescent switching of hybrid hydrogels and anticounterfeiting [J]. Dyes and Pigments, 2019, 166: 375 – 380.

[63]HORROCKS W D, SUDNIC D R. Lanthanide ion luminescence probes of

the structure of biological macromolecules [J]. Accounts of Chemical Research, 1981, 14(12):384 – 392.

[64]ZHANG P, KIMURA T, YOSHIDA Z. Luminescence study on the inner – sphere hydration number of lanthanide (Ⅲ) ions in neutral organo – phosphorus complexes[J]. Solvent Extraction and Ion Exchange, 2004, 22(6):933 – 945.

[65] HE Y D, ZHANG Z L, XUE J, et al. Biomimetic optical cellulose nanocrystal films with controllable iridescent color and environmental stimuli – responsive chromism[J]. ACS Applied Materials and Interfaces, 2018, 10(6):5805 – 5811.

[66]STANILA A, MARCU A, RUSU D, et al. Spectroscopic studies of some copper (Ⅱ) complexes with amino acids [J]. Journal of Molecular Liquids, 2007, 834:364 – 368.

[67] WAN Z Q, LI K Q. Effect of pre – pyrolysis mode on simultaneous introduction of nitrogen/oxygen – containing functional groups into the structure of bagasse – based mesoporous carbon[J]. Chemosphere, 2018, 194:370 – 380.

[68]HE J S, CHEN J P. Cu(Ⅱ) – imprinted poly(vinyl alcohol)/poly(acrylic acid) membrane for greater enhancement in sequestration of copper ion in the presence of competitive heavy metal ions: material development, process demonstration, and study of mechanisms [J]. Industrial and Engineering Chemistry Research, 2014, 53(52):20223 – 20233.

[69]LAN T X, AN R, LIU Z, et al. Facile fabrication of a biomass – based film with interwoven fibrous network structure as heterogeneous catalysis platform [J]. Journal of Colloid and Interface Science, 2018, 532: 331 – 342.

[70]MA J H, LUO J, LIU Y T, et al. Pb(Ⅱ), Cu(Ⅱ) and Cd(Ⅱ) removal using a humic substance – based double network hydrogel in individual and multicomponent systems[J]. Journal of Materials Chemistry A, 2018, 6 (41):20110 – 20120.

[71]TANG T P. Photoluminescence of ZnS:Tb phosphors fritted with different

fluxes[J]. Ceramics International, 2007, 33(7):1251 - 1254.

[72]PODHORODECKI A, BANSKI M, MSISEWICZ J, et al. Multicolor light emitters based on energy exchange between Tb and Eu ions co - doped into ultrasmall ß - NaYF$_4$ nanocrystals[J]. Journal of Materials Chemistry, 2012, 22(12):5356 - 5361.

[73]LI W Z, YAN P F, HOU G F, et al. Efficient red emission from PMMA films doped with 5, 6 - DTFI europium (Ⅲ) complexes:Synthesis, structure and photophysical properties[J]. Dalton Transactions, 2013, 42 (32):11537 - 11547.

[74]ZHANG Y W, FANG D, LIU R N, et al. Synthesis and fluorescent pH sensing properties of nanoscale lanthanide metal - organic frameworks with silk fibroin powder as polymer ligands[J]. Dyes and Pigments, 2016, 130:129 - 137.

[75]WANG Y M, TIAN X T, ZHANG H, et al. Anticounterfeiting quick response code with emission color of invisible metal - organic frameworks as encoding information[J]. ACS Applied Materials and Interfaces, 2018, 10 (26):22445 - 22452.

[76]YANG X G, LIN X Q, ZHAO Y B, et al. Lanthanide metal - organic framework microrods:colored optical waveguides and chiral polarized emission[J]. Angewandte Chemie Internatienal Edition, 2017, 129(27): 7961 - 7965.

[77]ZHOU X J, CHEN L N, FENG Z S, et al. Color tunable emission and low - temperature luminescent sensing of europium and terbium carboxylic acid complexes[J]. Inorganica Chimica Acta, 2018, 469:576 - 582.

[78]ZHAO S C, GAO M, LI J F. Lanthanides - based luminescent hydrogels applied as luminescent inks for anti - counterfeiting [J]. Journal of Luminescence, 2021, 236:118128.

[79]SONG G Q, WANG Z Q, WANG L, et al. Preparation of MOF(Fe) and its catalytic activity for oxygen reduction reaction in an alkaline electrolyte [J]. Chinese Journal of Catalysis, 2014, 35(2):185 - 195.

[80]ZHANG B R, HUANG P, CHEN J X, et al. One - step controlled

electrodeposition of iron – based binary metal organic nanocomposite［J］. Applied Surface Science, 2020, 504:144504.

［81］JIA L, ZHANG B B, XU J, et al. Chameleon luminophore for erasable encrypted and decrypted devices: from dual – channel, programmable, smart sensory［J］. ACS Applied Materials and Interfaces, 2020, 12(17): 19955 – 19964.

［82］WU Y W, HAO H X, WU Q Y, et al. Preparation and luminescent properties of the novel polymer – rare earth complexes composed of poly (ethylene – co – acrylic acid) and europium ions［J］. Optical Materials, 2018, 80:65 – 70.

［83］MATSUCHITA A F Y, FILHO C M C, PINEIRO M, et al. Effect of Eu (Ⅲ) and Tb(Ⅲ) chloride on the gelification behavior of poly (sodium acrylate)［J］. Journal of Molecular Liquids, 2018, 264:205 – 214.

［84］MATSUSHITA A F Y, PAIS A A C C, VALENTE A J M. Energy transfer and multicolour tunable emission of Eu, Tb (PSA) Phen composites［J］. Colloids and Surfaces A, 2019, 569:93 – 101.

［85］MUKHAMETSHINA A, MUSTAFINA A, SYAKAEV V, et al. Effect of silica coating and further silica surface decoration by phospholipid bilayer on quenching of Tb (Ⅲ) complexes by adrenochrome［J］. Journal of Molecular Liquids, 2015, 211:839 – 845.

［86］MANSEKI K, HASEGAWA Y, WADA Y, et al. Visible and near – infrared luminescence from self – assembled lanthanide(Ⅲ) clusters with organic photosensitizers［J］. Journal of Luminescence, 2007, 122: 262 – 264.

［87］GAO W M, ZHOU Q, FU Z J, et al. Research on electro – triggered luminescent switching behaviors of film materials containing green luminescence Tb – polyoxometalate［J］. Electrochimica Acta, 2019, 317: 139 – 145.

［88］YU J B, SUN L N, PENG H S, et al. Luminescent terbium and europiumprobes for lifetime based sensing of temperature between 0 and 70 ℃［J］. Journal of Materials Chemistry, 2010, 20(33):6975 – 6981.

[89] HAN Y C, WANG X Y, DAI H L, et al. Synthesis and luminescence of Eu^{3+} doped hydroxyapatite nanocrystallines: Effects of calcinations and Eu^{3+} content[J]. Journal of Luminescence, 2013, 135:281 – 287.

[90] SUN Y J, LI Q F, WEI S, et al. Preparation and luminescence performance of flexible films based on curdlan derivatives and europium (Ⅲ) complexes as luminescent sensor for base/acid vapor[J]. Journal of Luminescence, 2020, 225:117241.

[91] GAO M, LI J F, LU X Y, et al. Lanthanides – based invisible multicolor luminescent hydrogels and films for anti – counterfeiting[J]. Inorganica Chimica Acta, 2024, 560:121813.

[92] LI Q F, JIN L, LI L L, et al. Water – soluble luminescent hybrid aminoclay grafted with lanthanide complexes synthesized by a Michael – like addition reaction and its gas sensing application in PVP nanofiber[J]. Journal of Materials Chemistry C, 2017, 5(19):4670 – 4676.

[93] ZHANG H B, SHAN X C, ZHOU L J, et al. Full – colour fluorescent materials based on mixed – lanthanide(Ⅲ) metal – organic complexes with high – efficiency white light emission[J]. Journal of Materials Chemistry C, 2013, 1(5):888 – 891.

[94] CHEN B, XIE H P, WANG S, et al. UV light – tunable fluorescent inks and polymer hydrogel films based on carbon nanodots and lanthanide for enhancing anti – counterfeiting [J]. Luminescence, 2019, 34 (4): 437 – 443.

[95] ZHI H, FEI X, TIAN J, et al. A novel transparent luminous hydrogel with self – healing property[J]. Journal of Materials Chemistry B, 2017, 5 (29):5738 – 5744.

[96] HE M, WANG Z G, CAO Y, et al. Construction of chitin/PVA composite hydrogels with jellyfish gel – like structure and their biocompatibility[J]. Biomacromolecules, 2014, 15(9):3358 – 3365.

[97] XIA D D, LI J F, GAO M, et al. Lanthanide – hydrogel with reversible dual – stimuli responsive luminescent switching property for data protection [J]. Inorganica Chimica Acta, 2023, 556:121633.

［98］SINGHA D K, MAJEE P, MONDAL S K, et al. pH – controlled luminescence turn – on behaviour of a water – soluble europium – based molecular complex［J］. European Journal of Inorganic Chemistry, 2016, 28:4631 – 4636.

［99］ZHANG H J, XIA H S, ZHAO Y. Poly (vinyl alcohol) hydrogel can autonomously self – heal［J］. ACS Macro Letters, 2012, 1 (11): 1233 – 1236.

［100］RICCIARDI R, AURIEMMA F, ROSA C D, et al. X – ray diffraction analysis of poly (vinyl alcohol) hydrogels, obtained by freezing and thawing techniques［J］. Macromolecules, 2004, 37(5):1921 – 1927.

［101］SAJID M M, SHAD N A, JAVED Y, et al. Preparation and characterization of Vanadium pentoxide (V_2O_5) for photocatalytic degradation of monoazo and diazo dyes［J］. Surfaces and Interfaces, 2020, 19:100502.

［102］SALEEM A, ZHANG Y J, GONG H Y, et al. Structural, magnetic and dielectric properties of nano – crystalline spinel $Ni_x Cu_{1-x} Fe_2 O_4$［J］. Journal of Alloys Compounds, 2020, 825:154017.

［103］LI J F, XU J, LI X D, et al. Heteropoly acids triggered self – assembly of cationic peptides into photo – and electro – chromic gels［J］. Soft Matter, 2016, 12(25):5572 – 5580.

［104］SINGH L R, NINGTHOUJAM R S, SUDARSAN V, et al. Probing of surface Eu^{3+} ions present in ZnO:Eu nanoparticles by covering ZnO:Eu core with Y_2O_3 shell:Luminescence study［J］. Journal of Luminescence, 2008, 128(9):1544 – 1550.

［105］KARASHIMADA R, IKI N. Thiacalixarene assembled heterotrinuclear lanthanide clusters comprising Tb^{III} and Yb^{III} enable f – f communication to enhance Yb^{III} – centred luminescence［J］. Chemical Communications, 2016, 52(15):3139 – 3142.

［106］XIAO Y Q, CUI Y J, ZHENG Q, et al. A microporous luminescent metal – organic framework for highly selective and sensitive sensing of Cu^{2+} in aqueous solution［J］. Chemical Communications, 2010, 46

(30):5503 – 5505.

[107] BARBOSA A J, MAIA L J Q, MONTANARI B, et al. Enhanced Eu^{3+} emission in aqueous phosphotungstate colloidal systems: stabilization of polyoxometalate nanostructures [J]. Langmuir, 2010, 26 (17): 14170 – 14176.

[108] XU J H, ZHAO S, HAN Z Z, et al. Layer – by – layer assembly of Na_9 [$EuW_{10}O_{36}$] · $32H_2O$ and layered double hydroxides leading to ordered ultra – thin films: cooperative effect and orientation effect [J]. Chemistry – A European Journal, 2011, 17(37):10365 – 10371.

[109] LIU S M, ZHANG Z, LI X H, et al. Synthesis and photophysical properties of crystalline [$EuW_{10}O_{36}$]$^{9-}$ – based polyoxometalates with lanthanide ions as counter cations [J]. Journal of Alloys Compounds, 2018, 761:52 – 57.

[110] JIANG L J, LI J F, PENG N, et al. Reversible stimuli responsive lanthanide – polyoxometalate – based luminescent hydrogel with shape memory and self – healing properties for advanced information security storage[J]. Polymer, 2022, 263:125509.

[111] SUGETA M, YAMASE T. Crystal structure and luminescence site of Na_9[$EuW_{10}O_{36}$] · $32H_2O$[J]. Bulletin of the Chemical Society of Japan, 1993, 66(2):444 – 449.

[112] WANG Z L, ZHANG R L, MA Y, et al. Chemically responsive luminescent switching in transparent flexible self – supporting [$EuW_{10}O_{36}$] – agarose nanocomposite thin films[J]. Journal of Materials Chemistry, 2010, 20(2):271 – 277.

[113] QIU Y F, LIU H, LIU J X, et al. Moisture – responsive films consisting of luminescent polyoxometalates and agarose [J]. Journal of Materials Chemistry C, 2015, 3(24):6322 – 6328.

[114] WU A, SUN P P, SUN N, et al. Coassembly of a polyoxometalate and a zwitterionic amphiphile into a luminescent hydrogel with excellent stimuli responsiveness[J]. Chemistry – A European Journal, 2018, 24 (63): 16857 – 16864.

[115] GUO Y X, GONG Y J, GAO Y A, et al. Multi – stimuli responsive supramolecular structures based on azobenzene surfactant – encapsulated polyoxometalate[J]. Langmuir, 2016, 32(36):9293 – 9300.

[116] LEI N N, SHEN D Z, CHEN X. Highly luminescent and multi – sensing aggregates co – assembled from Eu – containing polyoxometalate and an enzyme – responsive surfactant in water[J]. Soft Matter, 2019, 15(3): 399 – 407.

[117] ZHANG H, LI B, WU L. Multiple luminescent logic functions of an organic/inorganic complex of polyoxometalate in response to pH and metal ions[J]. Materials Letters, 2015, 160:179 – 182.

[118] XU Q Q, LI Z Q, LI H R. Water – soluble luminescent hybrid composites consisting of oligosilsesquioxanes and lanthanide complexes and their sensing ability for Cu^{2+}[J]. Chemistry – A European Journal, 2016, 22 (9):3037 – 3043.

[119] CHEN D M, ZHANG N N, LIU C S, et al. Template – directed synthesis of a luminescent Tb – MOF material for highly selective Fe^{3+} and Al^{3+} ion detection and VOC vapor sensing[J]. Journal of Materials Chemistry C, 2017, 5(9):2311 – 2317.

[120] WANG M H, WOO K D, KIM I Y, et al. Separation of Fe^{3+} during hydrolysis of TiO^{2+} by addition of EDTA[J]. Hydrometallurgy, 2007, 89 (3 – 4):319 – 322.

[121] LI S, YUE T, SUN W, et al. Intense removal of Ni (Ⅱ) chelated by EDTA from wastewater via Fe^{3+} replacement – chelating precipitation[J]. Process Safety and Environmental Protection, 2022, 159:1082 – 1091.

[122] LENDLEIN A, GOULD O E C. Reprogrammable recovery and actuation behaviour of shape – memory polymers[J]. Nature Reviews Materials, 2019, 4(2):116 – 133.

[123] LU J, HU O D, GU J F, et al. Tough and anti – fatigue double network gelatin/polyacrylamide/DMSO/Na_2SO_4 ionic conductive organohydrogel for flexible strain sensor [J]. European Polymer Journal, 2022, 168:111099.

[124]LÜ B, BU X, DA Y, et al. Gelatin/PAM double network hydrogels with super – compressibility[J]. Polymer, 2020, 210:123021.

[125] CHEN Y M, SUN L, YANG S A, et al. Self – healing and photoluminescent carboxymethyl cellulose – based hydrogels [J]. European Polymer Journal, 2017, 94:501 – 510.

[126] RODRÍGUEZ – RODRÍGUEZ R, VELASQUILLO – MARTÍNEZ C, KNAUTH P, et al. Sterilized chitosan – based composite hydrogels: physicochemical characterization and in vitro cytotoxicity[J]. Journal of Biomedical Materials Research Part A, 2020, 108(1):81 – 93.

[127]JIANG L J, LI J F, XIA D D, et al. Lanthanide polyoxometalate based water – jet film with reversible luminescent switching for rewritable security printing[J]. ACS Applied Materials and Interfaces, 2021, 13 (41): 49462 – 49471.

[128]GUO R, CHENG Y, DING D, et al. Synthesis and antitumoral activity of gelatin/polyoxometalate hybrid nanoparticles [J]. Macromolecular Bioscience, 2011, 11(6):839 – 847.

[129] KHADRO B, BAROUDI I, GONCALVES A M, et al. Interfacing a heteropolytungstate complex and gelatin through a coacervation process: Design of bionanocomposite films as novel electrocatalysts[J]. Journal of Materials Chemistry A, 2014, 2(24):9208 – 9220.

[130] AGUIRRE A, BORNEO R, LEÓN A E. Properties of triticale protein films and their relation to plasticizing – antiplasticizing effects of glycerol and sorbitol[J]. Industrial Crops and Products, 2013, 50:297 – 303.

[131]DICK M, COSTA T M H, GOMAA A, et al. Edible film production from chia seed mucilage:Effect of glycerol concentration on its physicochemical and mechanical properties[J]. Carbohydrate Polymers, 2015, 130:198 – 205.

[132]GHASEMLOU M, KHODAIYAN F, OROMIEHIE A, et al. Development and characterisation of a new biodegradable edible film made from kefiran, an exopolysaccharide obtained from kefir grainse [J]. Food Chemistry, 2011, 127(4):1496 – 1502.

[133]SHE P F, MA Y, QIN Y Y, et al. Dynamic luminescence manipulation for rewritable and multi – level security printing[J]. Matter, 2019, 1 (6):1644 – 1655.

[134]XI G, SHENG L, DU J H, et al. Water assisted biomimetic synergistic process and its application in water – jet rewritable paper[J]. Nature Communications, 2018, 9(1):4819.

[135]MA Y, SHE P F, ZHANG K Y, et al. Dynamic metal – ligand coordination for multicolour and water – jet rewritable paper[J]. Nature Communications, 2018, 9(1):3.

[136]YAMASE T. Photo and electrochromism of polyoxometalates and related materials[J]. Chemical Reviews, 1998, 98(1):307 – 325.

[137]YIN Y T, GUO X, HE C C, et al. Enhanced fluorescence of La^{3+}, Gd^{3+} doped EuW_{10} for temperature sensing performance[J]. Zeitschrift für anorganische und allgemeine Chemie, 2021, 647(11):1221 – 1226.

[138]BALLARDINI R, MULAZZANI Q G, VENRURI M, et al. Photophysical characterization of the decatungstoeuropate(9 –) Anion[J]. Inorganic Chemistry, 1984, 23(3):300 – 305.

[139]GOMEZ G E, BRUSAU E V, KACZMAREK A M, et al. Flexible ligand – based lanthanide three – dimensional metal – organic frameworks with tunable solid – state photoluminescence and OH – solvent – sensing properties[J]. European Journal of Inorganic Chemistry, 2017, 17: 2321 – 2331.

[140]CHOPPIN G R, PETERMAN D R. Applications of lanthanide luminescence spectroscopy to solution studies of coordination chemistry [J]. Coordination Chemistry Reviews, 1998, 174(1):283 – 299.

[141]YU Y, MA J P, DONG Y B. Luminescent humidity sensors based on porous Ln^{3+} – MOFs[J]. CrystEngComm, 2012, 14(21):7157 – 7160.

[142]WEI H B, DU S M, LIU Y, et al. Tunable, luminescent, and self – healing hybrid hydrogels of polyoxometalates and triblock copolymers based on electrostatic assembly[J]. Chemical Communications, 2014, 50 (12):1447 – 1450.

[143] GAO M, LI J F, XIA D D, et al. Lanthanides – based security inks with reversible luminescent switching and self – healing properties for advanced anti – counterfeiting [J]. Journal of Molecular Liquids, 2022, 350:118559.

[144] ZHANG X, JIANG K, HE H J, et al. A stable lanthanide – functionalized nanoscale metal – organic framework as a fluorescent probe for pH[J]. Sensors and Actuators B:Chemical, 2018, 254:1069 – 1077.

[145] ZHANG S A, LI Y, LÜ Y, et al. A full – color emitting phosphor Ca_9Ce $(PO_4)_7 : Mn^{2+}$, Tb^{3+} : Efficient energy transfer, stable thermal stability and high quantum efficiency[J]. Chemical Engineering Journal, 2017, 322:314 – 327.

[146] CA N X, VINH N D, BHARTI S, et al. Optical properties of Ce^{3+} and Tb^{3+} co – doped ZnS quantum dots[J]. Journal of Alloys Compounds, 2021, 883:160764.

[147] HE J, MA P F, WANG Y, et al. The preparation and luminescent properties of $AlPO_4$ mesoporous glass impregnated with Tb^{3+} ions [J]. Journal of Non – Crystalline Solids, 2016, 431:130 – 134.

[148] SUN H Y, LIU Y, LIN J, et al. Highly selective recovery of lanthanides by using a layered vanadate with acid and radiation resistance [J]. Angewandte Chemie International Edition, 2020, 59(5):1878 – 1883.

[149] SENAPATI S, NANDA K K. Red emitting Eu:ZnO nanorods for highly sensitive fluorescence intensity ratio based optical thermometry [J]. Journal of Materials Chemistry C, 2017, 5(5):1074 – 1082.

[150] WANG D D, XING G Z, GAO M, et al. Defects – mediated energy transfer in red – light – emitting Eu – doped ZnO nanowire arrays[J]. Journal of Physical Chemistry C, 2011, 115(46):22729 – 22735.

[151] XING X M, LI L W, WANG T, et al. A self – healing polymeric material:from gel to plastic[J]. Journal of Materials Chemistry A, 2014, 2(29):11049 – 11053.

[152] LI J F, XIA D D, GAO M, et al. Invisible luminescent inks and luminescent films based on lanthanides for anti – counterfeiting [J].

Inorganica Chimica Acta, 2021, 526:120541.

[153]WANG B, GAO W M, MA Y Y, et al. Enhanced sensitivity of color/emission switching of fluorescein film by incorporation of polyoxometalate using HCl and NH$_3$ gases as in situ stimuli[J]. RSC Advances, 2015, 5 (52):41814 – 41819.

[154]XIA D D, LI J F, LI W Z, et al. Lanthanides – based multifunctional luminescent films for ratiometric humidity sensing, information storage, and colored coating[J]. Journal of Luminescence, 2021, 231:117784.

[155] MA Q M, WANG Q M. Lanthanide induced formation of novel luminescent alginate hydrogels and detection features[J]. Carbohydrate Polymers, 2015, 133:19 – 23.

[156]PIRC E T, AŘCON I, KODRE A, et al. Metal – ion environment in solid Mn (Ⅱ), Co (Ⅱ) and Ni (Ⅱ) hyaluronates [J]. Carbohydrate Research, 2004, 339(15):2549 – 2554.

[157] WANG T R, YANG J, LI H R, et al. Aminoclay decorated with lanthanide complexes and carbon dots:Tunable emission and information encryption[J]. Journal of Rare Earths, 2019, 37(9):995 – 1001.

[158]PRADHANA R N, HOSSAINA S M, LAKMA A, et al. Water soluble Eu (Ⅲ) complexes of macrocyclic triamide ligands:Structure, stability, luminescence and redox properties[J]. Inorganica Chimica Acta, 2019, 486:252 – 260.

[159]ZHUO C S, ZHAO S C, HUANG X Y, et al. Environment – friendly luminescent inks and films based on lanthanides toward advanced anti – counterfeiting[J]. Journal of Molecular Liquids, 2023, 376:121442.

[160]MA B J, WU Y, ZHANG S, et al. Terbium – aspartic acid nanocrystals with chirality – dependent tunable fluorescent properties[J]. ACS Nano, 2017, 11(2):1973 – 1981.

[161]ZUBAVICHUS Y, FUCHS O, WEINHARDT L, et al. Soft X – ray – induced decomposition of amino acids:an XPS, mass spectrometry, and NEXAFS study[J]. Radiation Research, 2004, 161(3):346 – 358.

[162]YU J C, ZHAO F G, SHAO W, et al. Shape – controllable and versatile

synthesis of copper nanocrystals with amino acids as capping agents[J].
Nanoscale, 2015, 7(19):8811 –8818.

[163]STASZAK K, WIESZCZYCKA K, MARTURANO V, et al. Lanthanides complexes – chiral sensing of biomolecules[J]. Coordination Chemistry Reviews, 2019, 397:76 –90.

[164] ZERCHER B, HOPKINS T A. Induction of circularly polarized luminescence from europium by amino acid based ionic liquids [J]. Inorganic Chemistry, 2016, 55(21):10899 –10906.

[165]FAN S Q, YAO X, LI J F, et al. Near – infrared luminescent materials: From β – diketonate ytterbium complexes to β – diketonate – ytterbium – complex@ PMMA thin film[J]. Journal of Luminescence, 2018, 203: 473 –480.

[166]ZHAO Y Q, GU S W, XU S Y, et al. Selective ligand sensitization of lanthanide nanoparticles for multilevel information encryption with excellent durability [J]. Analytical Chemistry, 2021, 93 (42): 14317 –14322.

[167] BINNEMANS K. Lanthanide – based luminescent hybrid materials[J]. Chemical Reviews, 2009, 109(9):4283 –4374.

[168]李媛媛, 闫涛, 王冬梅, 等. 稀土配合物的发光机理及其应用[J]. 济南大学学报(自然科学版), 2005, 19(2):113 –119.